出版人
刘东黎

策划
纪亮

编辑
何增明　孙瑶　盛春玲
张衍辉　袁理

总序

一

我国于2013年提出“建立国家公园体制”，并于2015年开始设立了三江源、东北虎豹、大熊猫、祁连山、海南热带雨林、武夷山、神农架、香格里拉普达措、钱江源、南山10处国家公园体制试点，涉及青海、吉林、黑龙江、四川、陕西、甘肃、湖北、福建、浙江、湖南、云南、海南12个省，总面积超过22万平方公里。2021年我国将正式设立一批国家公园，中国的国家公园建设事业从此全面浮出历史地表。

国家公园不同于一般意义上的自然保护区，更不是一般的旅游景区，其设立的初心，是要保护自然生态系统的原真性和完整性，同时为与其环境和文化相和谐的精神、科学、教育和游憩活动提供基本依托。作为原初宏大宁静的自然空间，它被国家所“编排和设定”，也只有国家才能对如此大尺度甚至跨行政区的空间进行有效规划与管理。1872年，美国建立了世界上第一个国家公园——黄石国家公园。经过一个多世纪的发展，国家公园独特的组织建制和丰富的科学内涵，被世界高度认可。而自然与文化的结合，也成为国家公园建设与可持续发展的关键。

在自然保护方面，国家公园以保护具有国家代表性的自然生态系统为目标，是自然生态系统最重要、自然景观最独特、自然遗产最精华、生物多样性最富集的部分，保护范围大，生态过程完整，具有全球价值、国家象征，国民认同度高。

与此同时，国家公园也在文化、教育、生态学、美学和科研领域凸显杰出的价值。

在文化的意义上，国家公园与一般性风景保护区、营利性公园有着重大的区别，它是民族优秀文化的弘扬之地，是国家主流价值观的呈现之所，也体现着特有的文化功能。举例而言，英国的高地沼泽景观、日本国立公园保留的古寺庙、澳大利亚保护的作为淘金浪潮遗迹的矿坑国家公园等，很多最初都是传统的自然景观保护区，或是重点物种保护区以及科学生态区，后来因为文化认同、文化景观意义的加深，衍生出游憩、教育、文化等多种功能。

英国1949年颁布《国家公园和乡村土地使用法案》，将具有代表性风景或动植物群落的地区划分为国家公园时，曾有这样的认识："几百年来，英国乡村为我们揭示了天堂可能有的样子……英格兰的乡村不但是地区的珍宝之一，也是我们国家身份的重要组成。"国家公园就像天然的博物馆，展示出最富魅力的英国自然景观和人文特色。在新大陆上，美国和加拿大的国家公园，其文化意义更不待言，在摆脱对欧洲文化之依附、克服立国根基粗劣自卑这一方面，几乎起到了决定性的力量。从某种程度上来说，当地对国家公园的文化需求，甚至超过环境需求——寻求独特的民族身份，是隐含在景观保护后面最原始的推动力。

再者，诸如保护土著文化、支持环境教育与娱乐、保护相关地域重要景观等方面，国家公园都当仁不让地成为自然和文化兼容的科研、教育、娱乐、保护的综合基地。在不算太长的发展历程中，国家公园寻求着适合本国发展的途径和模式，但无论是自然景观为主还是人文景观为主的国家公园均有这样的共同点：唯有自然与文化紧密结合，才能可持续发展。

具体到中国的国家公园体制建设，同样是我国自然与文化遗产资源管理模式的重大改革，事关中国的生态文明建设大局。尽管中国的国家公园起步不久，但相关的文学书写、文化研究、科普出版，也应该同时起步。本丛书是《自然书馆》大系之第一种，作为一个关于中国国家公园的新概念读本，以10个国家公园体制试点为基点，努力挖掘、梳理具有典型性和代表性的相关区域的自然与文化。12位作者用丰富的历史资料、清晰珍贵的图像、深入的思考与探查、各具特点的叙述方式，向读者生动展现了10个中国国家公园的根脉、深境与未来。

二

地理学家段义孚曾敏锐地指出，从本源的意义上来讲，风景或环境的内在，本就是文化的建构。因为风景与环境呈现出人与自然（地理）关系的种种形态，即使再荒远的野地，也是人性深处的映射，沙漠、雨林，甚至天空、狂风暴雨，无不在显示、映现、投射着人的活动和欲望，人的思想与社会关系。比如，人类本性之中，也有“孤独和蔓生的荒野”；人们也经常会用“幽林”“苦寒”“崇山”“惊雷”“幽冥未知”之类结合情感暗示的词汇来描绘自然。

因此，国家公园不仅是“荒野”，也不仅是自然荒野的庇护者，而是一种“赋予了意义的自然”。它的背后，是一种较之自然荒野更宽广、更深沉、更能够回应某些人性深层需求的情感。很多国家公园所处区域的地方性知识体系，也正是基于对自然的理性和深厚情感而生成的，是良性本土文化、民间认知的重要载体。我们据此确立了本丛书的编写原则，那就是：“一个国家公园微观的自然、历史、人文空间，以及对此空间个性化的文学建构与思想感知。”也是在这个意义上，我们鼓励作者的自主方向、个性化发挥，尊重创新特性和创作规律，不求面面俱到和过于刻意规范。

约翰·赖特早在20世纪初期就曾说过，对地缘的认知常常伴随着主体想象的编织，地理的表征受到主体偏好与选择的影响，从而呈现着书写者主观的丰富幻想，即以自然文学的特性而论，那就是既有相应的高度、胸怀和宏大视野，又要目光向下，西方博物学领域的专家学者，笔下也多是动物、植物、农民、牧民、土地、生灵等，是经由探查和吟咏而生成的自然观览文本。

所以，在写作文风上，鉴于国家公园与以往的自然保护区等模式不同，我们倡导一种与此相应的、田野笔记加博物学的研究方式和书写方式，观察、研究与思考国家公园里的野生动物、珍稀植物，在国家公园区域内发生的现实与历史的事件，以及具有地理学、考古学、历史学、民族学、人类学和其他学术价值的一切。

我们在集体讨论中，也明确了应当采取行走笔记的叙述方式，超越闭门造车式的书斋学术，同时也认为，可以用较大的篇幅，去挖掘描绘每个国家公园所在地区的田野、土地、历史、物候、农事、游猎与征战，这些均指向背后美学性的观察与书写主体，加上富有趣味的叙述风格，可使本丛书避免晦涩和粗浅的同类亚学术著作的通病，用不同的艺术手法，从不同方面展示中国国家公园建设的文化生态和景观。

三

我们不追求宏大的叙事风格，而是尽量通过区域的、个案的、具体事件的研究与创作，表达出个性化的感知与思想。法国著名文学批评家布朗肖指出，一位好的写作者，应当“体验深度的生存空间，在文学空间的体验中沉入生存的渊薮之中，展示生存空间的幽深境界”。从某种意义上来说，本书系的写作，已不仅关乎国家公园的写作，更成为一系列地域认知与生命情境的表征。有关国家公园的行走、考察、论述、演绎，因事件、风景、体验、信念、行动所体现的叙述情境，如是等等，都未做过多的限定，以期博采众长、兼收并蓄，使地理空间得以与“诗意栖居”产生更为紧密的关联。

现在，我们把这些弥足珍贵的探索和思考，用丛书出版的形式呈现，是一件有益当今、惠及后世的文化建设工作，也是十分必要和及时的。“国家公园”正在日益成为一门具有知识交叉性、系统性、整体性的学问，目前在国内，相关的著作极少，在研究深度上，在可读性上，基本上处于一个初期阶段，有待进一步拓展和增强。我们进行了一些基础性的工作，也许只能算作是一些小小的“点”，但“面”的工作总是从“点”开始的，因而，这套丛书的出版，某种意义上就具有开拓性。

“自然更像是接近寺庙的一棵孤立别致的树木或是小松柏，而非整个森林，当然更不可能是厚密和生长紊乱的热带丛林。”（段义孚）

我们这一套丛书，是方兴未艾的国家公园建设事业中一丛别致的小小的剪影。比较自信的一点是，在不断校正编写思路的写作过程中，对于国家公园自然与文化景观的书写与再现，不是被动的守恒过程，而是意义的重新生成。因为“历史变化就是系统内固定元素之间逐渐的重新组合和重新排列：没有任何事物消失，它们仅仅由于改变了与其他元素的关系而改变了形状”（特雷·伊格尔顿《二十世纪西方文学理论》）。相信我们的写作，提供了某种美学与视觉期待的模式，将历史与现实的内容变得更加清晰，同时也强化了“国家公园”中某些本真性的因素。

丛书既有每个国家公园的个性，又有着自然写作的共性，每部作品直观、赏心悦目地展示一个国家公园的整体性、多样性和博大精深的形态，各自的风格、要素、源流及精神形态尽在其中。整套丛书合在一起，能初步展示中国国家公园的多重魅力，中国山泽川流的精魂，生灵世界的勃勃生机，可使人在尺幅之间，详览中国国家公园之精要。期待这套丛书能够成为中国国家公园一幅别致的文化地图，同时能在新的起点上，起到特定的文化传播与承前启后的作用。

是为序。

刘东黎

2021 年 6 月

目录

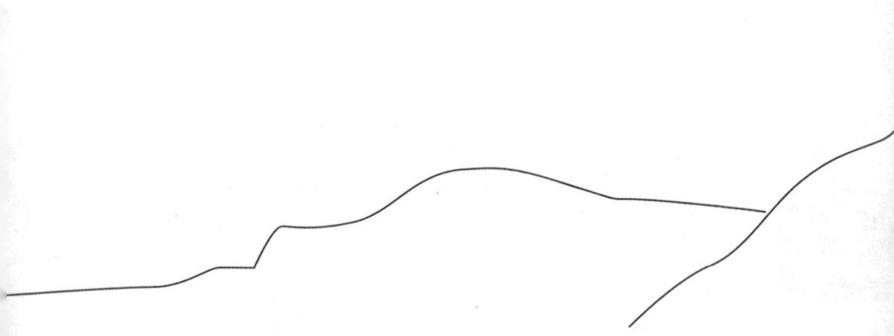

华中秘境

神　农　架

一 辑

炎帝神农架天梯

炎帝
神农架天梯

对横亘于长江、汉水之间，那一片云朵之上的高地，我所心怀的神往和敬畏，是从孩提时候开始的。每一次走近它，无论是真实的，还是在梦幻里，都忍不住先要屏住呼吸，然后再久久地仰望，心里不断默念它的名字：

神农架。

高邈而质朴，这名字应是上天与华夏远古的祖先共同赐予这片高地的。它方圆3250平方公里，奇峰险山均在海拔3010米以上，是华中大地上隆起的高高脊梁；在那群山万壑、峰峦叠翠、怪石嵯峨之中，更有一处处峡谷幽洞，瀑飞溪流；亿万年生长而至今无法穿越的原始森林，在忽隐忽现的烟霞之中，亦真亦幻，造就古来之人间仙境。

最让人难以忘怀的是，炎帝神农曾在此架起云梯，攀山登崖尝遍百草，为民解痛除忧，留下了无数足迹和传说。神农架这一名字便由此而来。

华夏民族的祖先有三皇五帝，三皇为伏羲、神农、黄帝，五帝为少昊、颛顼、帝喾、尧、舜。神农不仅是三皇之一的炎帝，还是太阳神。

神农的名字代代相传，人们将他铭记在心，一定是因为他做过太多的善事，这些事迹流传在中国历代传承的讲述里，不仅有口耳相传的民间故事，还有《左传》《礼记》《汉书》《荆州记》《帝王世纪》《水经注》《括地志》《汉唐地理书钞》《路史》《大清一统志》等不朽史书的多次记载为证。因此神

农并没有离我们远去，他的光芒闪动在这些珍贵经典的书页，长存于人们的记忆中，而他的足迹，更是早已深深地留在了神农架的山水之间。

炎帝神农本姓姜，据司马贞《三皇本纪》所载："神农氏，姜姓以火德王。母曰安登，女娲氏之女，忎神龙而生，长于姜水，号历山，又曰烈山氏。"

又据《孟子·梁惠王章句上》记录："神农，有娲氏之女安登，为少典妃，忎神龙而生帝。承庖羲之本，以火德王。"故曰"炎帝"。

这两则相同的记载，说的正是神农炎帝的由来。

一切应从女娲起始。宇宙的亿万空间从来都不是完美的，盘古开天辟地之后，不知哪一年，西天突然塌了一块，天河中的水哗哗地从天而降，人间沦为泽国。在天地一片混乱之时，女娲——那伟大的女子朝着天的裂缝而去，她用高山神火炼出36501块五彩石补齐了天，又抡起泥绳抟土，仿照自己造出了一个个小人儿，这些泥人儿都将她称作母亲。这位创世纪母亲的其中一个女儿安登后来随同神龙氏族部落生活在厉山一带，丈夫少典就是部落的首领。

有一天夜里，安登梦见神龙降临在怀中，因此而受孕，生下了一个人面龙颜的孩儿，父亲少典为他取名“石年”。这长相奇异的孩子少而聪颖，三天能说话，五天能走路，三年知稼穑之事，稍长之后好耕，是谓神农。神农始为天子，也就是后来的炎帝，与黄帝结盟并逐渐形成了华夏族，因此形成了炎黄子孙。炎帝与黄帝并称为中华始祖。

炎帝神农是一位仁慈的帝王，有许多记载说他“炎帝以火德代伏羲治天下，其俗朴，重端悫，不忿争而财足，无制令而民从，威厉而不杀，法省而不烦，于是南至交趾，北至幽都，东至肠谷，西至三危，莫不从其化。”（《纲鉴》），又说他“昔者神农之治天下，务利之已矣，不望其报；不贪天下之财，而天下共富之；不以其智能自贵于人，而天下共尊之”（《越绝书》）。

炎帝立历日，立星辰，分昼夜，定日月；又制耒耜，种五谷，立市廛，首辟市场；治麻为布，民着衣裳；作五弦琴，以乐百姓；削木为弓，以威天下；制作陶器，方便生活……这些复杂细致的工艺或许并非一代人造就，所以另有八世炎帝之说，但神农为首。

就拿做琴来说，最初的音乐是人试图与上天通话而发出的声音，见鹤鸣九皋，声闻于天，便执鹤骨，一孔洞开乾坤，故而“昔神农氏继宓牺而王天下，上以法于天，下取法于地，于是始削桐为琴，练丝为弦，以通神明，合天地之和焉”（《新论》）。

神农做了那么多的事，最让人难以忘怀的是种五谷，尝百草。

远古时期，人们以打猎和采摘野果充饥度日，随着人丁兴旺，食物供不应求，智慧的炎帝“斵木为耜，揉水为耒，耜耒之利以教天下，盖取诸益。”《周易·系辞》。他从山上砍

大龙潭（薛扬 摄）

削树木做成犁头，曲转木材做成犁柄，让他的琉璃狮子狗在前面拉着走，自己在后面扶着犁头，深翻出一块块田地，又将荒野里收集的一些草籽播撒在地里。春雨过后，那种子破土而出，长出了嫩绿的小苗，到秋天居然收获了可以食用的粮食，它们是香甜的稻、黍、稷、麦、菽——让后人享用无尽的五谷。

神农播下的种子，一直生长到如今。如此说来，我们每天都在咀嚼着远古的味道，五谷，以及神农尝过的百草。

那些救命的草，是这位不畏牺牲的帝王一样一样亲口尝定的。为了解救因生病而痛苦的人，神农离开家乡，来到顶上接云霄、深涧接地府的巍巍群山里跋山涉水，挖草尝药。他眼前的草木数不胜数，不时会发现新奇的、未曾辨认过的花草，于是他不断前行，遇到难以攀登的悬崖，就砍下树木，用藤萝绑扎，架木为梯。山外有山，岭外有岭，神农为了尝遍百草，攀越了这一带所有的高山，一共架起了36座木梯。

人们又将这36座木梯叫作“青云梯”，因为它们从险峻的岩石间直达天际，伸到了可以与天对话的彩云之间。它们是那位女娲的后裔、智慧仁慈的炎帝神农所架。

神——农——架。

青云梯与那片山脉里的万物生灵一起，有了一个共同的名字，谓之：神农架。山、水、草木、动物、云朵、风和雨……，共同感应着上天与华夏祖先的恩泽。

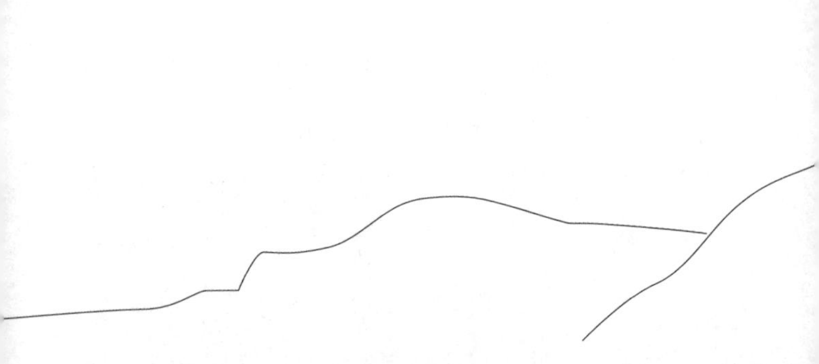

华中秘境

神　农　架

二　辑

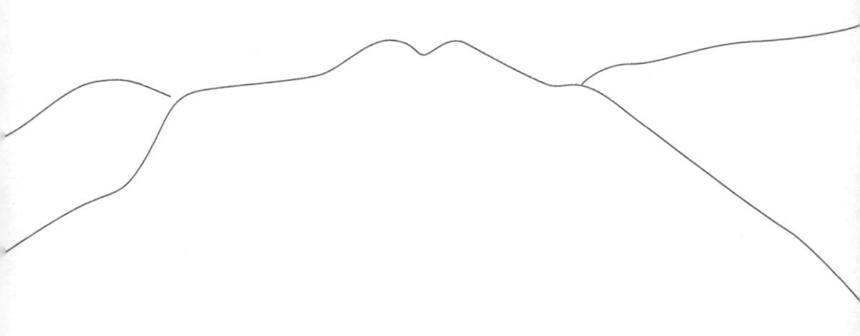

《天问》和《黑暗传》/ 曾经的海洋 / 华中屋脊 / 野人之谜

《天问》和《黑暗传》

我曾经多次在神农架的夜晚眺望群山，那种格外幽静而又神秘的感觉，在我心中留下了珍贵的记忆。

每次来到此地的第一晚，都会在深夜猛然醒来，一定是久违的安静让人陌生，难以适应吧。久居城市，车水马龙昼夜不曾停歇，人的神经早就被嘈杂喧嚣所麻木，到了这寂静的山林里，竟苏醒活跃起来，居然难以入睡。于是索性披衣起床，面窗而立。

呵，人说神秘、神奇、神农架，却不知这里的夜才是最为神奇的。

窗外的世界，墨汁一般的黑，万籁俱寂，只有偶尔穿行在山林间的风，将树叶的琴弦轻轻拨响。站在窗前好一阵，才依稀从浓黑的夜色中辨认出远方群山的影子，它们就像一个个

手挽着手的巨人，以永世相守的姿态屹立在那里，让人浮想联翩，而又肃然起敬。

于是想起诞生于大巴山神农架下秭归的屈原，想起他一连串的“天问”：“遂古之初，谁传道之，上下未形，何由考之？冥昭瞢暗，谁能极之？冯翼惟象，何以识之？明明暗暗，惟时何为？阴阳三合，何本何化？圜则九重，孰营度之？……”

两千多年前，伟大的诗人屈原，他昂首问天的高度，或许正对着我眼前这些神秘的山峦，他仙风道骨，危冠深衣，腰佩长剑，企翅孤鹤相从，不时行走于山野之间，引发出无穷的奇思妙想。《天问》被后人誉为“千古万古至奇之作”，从天地离分、阴阳变化、日月星辰等自然现象，一直问到神话传说乃至圣贤凶顽和治乱兴衰等历史故事。

仰望星空，斗柄的轴绳系在何处？

天极遥远延伸到何方？

可以想象，这样的疑问，只有从长江攀越到离天最近的神农架上，才会不断得以引发。那些巍然如神祢的山峰，那些远在天际的星空，怎能不让超卓非凡的屈原对天地、自然和人世等一切事物现象思考和发问？

大自然成就了屈原的吟诵，他以超脱的想象、奇幻的意境和瑰丽的文采为后人留下了《离骚》《天问》《九歌》一系列逸韵伟词，举类迩而见义远，成为中华民族浪漫主义的巅峰。

一部《楚辞》为世界经典，而民间话语就如深山的灵芝兀自生长，在神农架的丛山峻岭之中，还有了一部被称为汉族首部创世史诗的

《黑暗传》，从天地之初论道，融汇了混沌、盘古、女娲、伏羲、炎帝神农氏、黄帝轩辕氏等诸多历史神话人物事件。

“天地合德日月合明，盘古辨混沌苦难救众生，夜有雨露昼为晴，千秋万代转金轮。盘古老祖来分水，手拿一个葫芦瓶。分开葫芦瓢两把，连忙舀水忙不停。一瓢水叫天上水，化作天河雨淋淋；二瓢水作江河水，向东流去永不停；三瓢化为湖中水，湖水不干水族生；四瓢化作大海水，大海鱼龙好藏身；五瓢化作无根水，在山为雾在天云，万物为它养性命。”

有趣的是，这部《黑暗传》里充满了芸芸众生对世界的想象与解释。口语化、生活化的叙述，诸多神仙圣贤在这里都成了有血有肉的人，他们吃喝拉撒，交媾生子，扯皮打架，赌狠斗法，如常人一般的喜怒哀乐。

这部流传在神农架一带的奇妙史诗和世界上许多民族的创世史诗一样，有许多奇妙的相通之处，尤其是“洪水滔天”的故事，因此又可得知人类共同的记忆和想象。

据当地老歌师所说，《黑暗传》远在唐代就开始流传，明代清代有了木刻本，神农架的有些老人甚至见过慕课本实物，可惜后来均已失传。许多年里，《黑暗传》悄无声息地藏匿于民间，几乎就要混同于那些永久的秘密，重新归于大自然。所幸当代人的用心挖掘才得以重现。

那是1982年夏天，神农架的文化人胡崇峻在搜集民间歌谣时，在松柏镇敬老院一位叫张忠臣的老人那里发现一本长达3000行的手抄本，他翻开来，这本七字一句的长篇民歌，竟然完全不同于一般的民歌，叙述了史前至明代的重大历史事件，分作天地起源、盘古开天、洪水滔天再造人类、三皇五帝问世四部分，也可看作是“先天、后天、泡天、治世”四个部分，这位辛勤的搜集者当时越看越激动，他意识到发现了一件稀世珍宝。

紧接着，胡崇峻又在神农架一带走访了近200名民间歌师，兴奋地搜集到了《黑暗传》的八种文本，计3万多行。他将其中的节选刊发在《神农架民间歌谣集》上，很快引起了专家们的关注。华中师范大学教授刘守华撰写了《鄂西北古神话的新发现——神农架神话叙事山歌〈黑暗传〉初评》；中国神话学会会长、著名学者袁珂也认为《黑暗传》极为珍贵，贵在数百年前就有人将神话传说和历史融为一体，做了初步的熔铸整理，可定为“广义的神话叙事史诗”。

2010年5月18日，《黑暗传》被列入中国文化部公布的第三批“国家非物质文化遗产”入选名录。2019年11月，《国家级非物质文化遗产代表性项目保护单位名单》公布，保康县文化馆、神农架林区群众艺术馆获得《黑暗传》项目保护单位资格。

2019年我走进神农架，一开始得到的惊喜礼物，就是主人赠送的一本蓝色封皮的线装书《黑暗传》。这正是由胡崇峻搜集整理，并由一位曾在神农架当过修路工而后成为书法家的袁学林行书撰写而成的。温厚的纸张，稳健灵秀的书法，三万五千字的歌谣，字里行间散发

着墨香。

我在神农架难眠的夜晚里与之对话，眼前的黑暗中似见到点点星火。人说比风还要快的是思想，最能覆盖大地的是黑暗，在这一片黑暗之中才会越加感觉光明带给人的鼓舞。而这书正是光明的火种。人类从天地不明的混沌中走出，那些了不起的民间歌者忠实传递着遥远的过去，将一个个隐语似的神话世代传颂，人们从中不断得以启示。

世界上有许多著名史诗，如古希腊的《荷马史诗》、古巴比伦的《埃努玛·埃立什》、古埃及的《伊希斯和俄塞里斯》、古印度的《罗摩衍那》等；中国则流传着享誉中外的少数民族三大史诗：藏族的《格萨尔王传》、蒙古族的《江格尔》和柯尔克孜族的《玛纳斯》。但令人长久迷惘和遗憾的是似乎汉民族无史诗，这一空白终于在20世纪80年代初由神农架发现的《黑暗传》填补。

“路漫漫其修远兮，吾将上下而求索”，长江与汉江相拥的大巴山脉沟壑纵横、层峦叠嶂，恰是浪漫主义的生长之地，也是必经艰辛才会有所收获的险峻山地。炎帝在神农架以木为梯、尝遍百草，屈原上下求索，楚人筚路蓝缕，《黑暗传》世代相传……，大自然滋生万物，也创造了人类，而人类的智慧又赋予自然更多的文化内涵；屈原以及那些不知名的歌者从自然万物中得到灵感，长江三峡一带的高山大川又因他们的诗歌而更显瑰丽神奇。

此刻这一切，就在我眼前的天地之间。

大自然鬼斧神工。

从太空俯瞰我国地势，呈三级阶梯状逐级下降，第一阶梯主要分布在苍茫的青藏高原附近，海拔均在4000米以上。而神农架则位于第二阶梯的东部边缘，由雄伟葱郁的大巴山脉东延的余脉构成中高山地貌，海拔由西南向东北逐渐降低。

神农架的山峦平均海拔1700米，其中海拔3000米以上的山峰有6座，海拔2500米以上山峰有20多座，最高峰神农顶海拔3106.2米。这片山地除了高山，这里还有峡谷平地，境内海拔最低的石柱河仅398米，与最高峰相对落差高达2708.2米。

这些起伏错落的山脉，是上天造就的神器。

似乎一直都埋藏有种种自然的暗示，它们悄然出现，神话民谣，山体摇撼，森林中动物的呼叫，甚至小小昆虫的爬动，人类不时一点点、一次次恍然大悟。

经过几代地质学家上百年的挖掘考证，20亿年前，在经历了漫长的之后，天地造化，冰雪消融，化为汪洋大海，从喜马拉雅山脉到如今的神农架，曾是海洋生物活跃的沃土，被称作“古地中海”，直到3000万年前的新生代新第三纪末期。

然而就在新第三纪末期，地壳发生了一次翻天覆地的造山运动，地质上称为“喜马拉雅运动”。莫名的神奇力量从地球深处拱动而起，海水轰然而退，雄壮的山脉缓缓升起。

现在我们可以清楚地知道，在侏罗纪时

期，一条深深的地槽——特提斯洋与整个欧亚大陆的南缘交界，古老的贡德瓦纳超级大陆开始解体。而喜马拉雅山脉延引而下的无数大小山脉渐次排列，伴随着炽热阳光的海洋沉默地消失，湖泊、沼泽、陆地及茂密的森林在亿万年的电闪雷鸣中交替出现。

对于无垠的宇宙来说，那或许只是短暂的瞬间，而对于地球上的人类，则是极为漫长的亿万年。遥不可及的时光留下无数让后人震惊的不解之谜。虽然后来的我们渐渐知道了一些答案，但还有许多谜底则永远藏匿于迷蒙的历史尘埃之中。

华夏民族幸运的是，在那等待生命的洪荒时期，由于特提斯洋海底被向前猛冲的印澳板块推动，它的较浅部分逐渐干涸，在高原的

秋日湖水（神农架国家公园管理局供图）

南缘，外喜马拉雅山脉成为这个地带的天然屏障，水流得以汇聚，长江与黄河在此孕育，它们不懈地切穿山脉，然后各自浩浩荡荡穿越华夏大地，养育了万物生灵，最终注入海洋。

回想起来，古老的海洋才是这些河流真正的母亲，它一以贯之，即或是那些河流穿过的地方都已成为山地和平原，但仍然不可改变地保留着海洋的遗迹，如今连接陕西、四川、重庆和湖北的大巴山脉也都是由古地中海的推动及地壳的变化而形成的。

大巴山脉即由大神农架、武当山、荆山等组成，北临汉水，南近长江，地质上属造山运动形成的复背斜结构和喀斯特地貌，高山峻岭之间有许多大型的溶蚀洼地、溶洞、漏斗及岩溶泉等，褶皱紧密，谷坡陡峻，河流切割强烈，常需在峭壁上凿隧道而行，因而自古便以“蜀道之难，难于上青天”著称。

难怪，远古时期的炎帝神农身长八尺七寸，体格强悍，在此攀越采摘百草时，也不得不架起长长的云梯。

2016年7月17日，在土耳其伊斯坦布尔召开的第40届联合国教科文组织世界遗产委员会会议（世界遗产大会）上，中国湖北神农架被列入世界遗产名录。

神农架被称作“华中屋脊”，由6座海拔3000米以上的高峰和20多座2500米以上的山峰排列而成。它巍峨的脊梁自然成为长江与汉水两大流域的分水岭，俨然就是炎帝神农的化身，沉默地俯瞰着远方辽阔的大地和奔腾不息的大江。

神农顶是群山之中的最高峰，也称“华中第一峰”。早些年测量的海拔高度为3105.4米，而近年来测量定为3106.2米。奇妙的是，据专家们考证，这座高山仍在不断地悄然生长，虽然若干年里增长不足1米。但令人遐想的是，再过一万年，或百万年、亿万年，这座山峰会增高到什么样呢？而山的立根之处，地壳包裹之下的黑暗层落又蕴藏着怎样的运动呢？

或许，所有未知的奇迹都已经发生，并

按它们各自的方式存在了若干世纪，或者更长的时光。神农架崇山峻岭的生命在古老与新生之间交替，这山的成长是上一次造山运动的结尾，也或许是另一次起伏的发轫。

站在神农顶上，便会情不自禁也神思飞扬，纵横千古，穿越时空，追问和探究邈远的从前及未来。

从长江边繁华的水电之城宜昌或是屈原故里秭归进入神农架，不过300多公里，却是两个完全不同的世界，前者是喧腾的现代化都市，后者是幽寂的重重山林。而峥嵘磅礴、破天遏云的最高峰神农顶则更是一片原始洪荒的景象。这里一年四季大都在云雾缭绕之中，峰顶忽而飞雪漫天，忽而暴雨滂沱，唯有夏秋之季，才可偶见云开雾散之真容。

记得那年秋天，我与一行朋友来到神农架，一大早从夜间歇息的木鱼镇乘车出发，直奔神农顶。晨曦中从山脚下开始攀爬，一路意气风发，但才爬到山腰，已感腰酸腿乏，便在一丛丛叶片略微发黄的箭竹林里歇了下来。但知这山无论是陡峭的南坡，还是略缓的北坡，都铺展着绿油油水灵灵的草甸，又都间插分布着一片片箭竹林、冷杉林、杜鹃林。那箭竹环山而生，密密匝匝，如竖插的刀枪剑戟，守护着神农，让人即使贴近，也不敢轻易用手触碰。

太阳当顶之时，我们才终于气喘吁吁地登上了山顶，却逢难得的天气晴朗，万里无云，翘首放眼望去，只见高山草甸绵延无际，突兀的石林时隐时现，光怪陆离，层峦叠嶂的葱茏

神农顶（薛扬 摄）

群山都在这神农顶之下安卧着，像一条条巨龙朝向远方。

不知当时在神农顶上站立了多久，这是一个让人容易忽略时光流逝的地方。顽石、砂砾、飘浮于头顶的云朵、呼呼行走的山风，它们无一不是从亘古岁月中走来，但依然模样生动如初。

紧邻神农顶西侧的神农谷，又名“风景垭”“巴东垭”。所谓垭，是指两山之间最为狭窄的地方，神农顶与神农谷一高一低，又紧紧相依，连接处的“V”字形山口隐藏于浓密的箭竹林中，走到跟前才会突然发现，已临百丈深渊边缘，刹那间恰似要踏云驾雾一般。再等定下神细看，原来谷底山峰林立，怪石累累，有的如柱似笋，亭亭玉立；有的傲骨嶙峋，桀骜不驯；皆为天造地设，形成错落有致极为奇秀的“石林云雨”景观。于是有了“进山不到神农谷，等于没到神农架”之说。

对我而言，“巴东垭”这名字更为亲切。神农架当地的老农说，若在天气晴好的日子，站在这垭口上，可望见长江之畔的巴东。需知那里正是我的出生地，于是我便一次次怀着十分的好奇和兴奋来到垭口边，期待眺望到巴东，想知道从神农架上看到的巴东究竟是怎样一番风景。苞谷地、山溪水，还是老县城、金子山？但遗憾的是，每次目光所及之处都在云蒸霞蔚之间，起伏如波涛一般的云雾将远方的一切遮挡得严严实实，只能隐约看见跟前的飞崖断壁，古树青藤。

幸运的是有一次终于等到了云开雾散，这

才看清垭底苍翠，岩石缝间野花点点，泉水叮咚，伴随着声声鸟鸣，一条条银色的瀑布飘垂在悬崖之上。令人激动的是，在目光最远处，竟然看见了恍若黄色绸带飘动的长江。哦，那就是巴东。在这神农谷的垭口上，我张开双臂拥对思念的长江，竟然一把都搂在了胸前。

自小生活在长江三峡，神农架在我心里已相知多年。

三峡一带的人将外婆叫作嘎嘎，我小时候住在巴东县城外婆的木楼里，老人家时常指着长江对岸的远方，云雾中显出一道道墨黛色的蜿蜒曲线，说那里是山高林密的神农架，神农架的大山里有“野人嘎嘎”。

外婆绘声绘色地描述野人嘎嘎的样子，说她浑身是毛，嘴有饭钵大，哪家的娃娃不听话、爱哭闹，就会把野人嘎嘎招来。野人嘎嘎会躲在屋前的杉树林或者墙角下，等娃娃家的大人出门去了，野人嘎嘎就会来敲门，嗡起鼻子挤着嗓门说：“嘎嘎回来了，快开门。”娃娃不懂事，过去刚把门打开一条缝，野人嘎嘎就呼地一下钻了进来，将娃娃抱起就跑。

抱到哪里去了呢？抱到很远很远的山洞里。

我听得好紧张，但越怕越想听，我想知道野人嘎嘎把娃娃抱到山洞里以后会怎么样？会不会一口把娃娃吞到肚里去？外婆看看我的表情，摇头说，野人嘎嘎也有心好的呢，她给自己的娃娃喂奶，也给抱来的娃娃喂奶。娃娃吃了野人嘎嘎的奶，浑身也长满了毛，成了小野人。

还有一种情况是真正的嘎嘎回到家之后，发现娃娃不见了，一猜肯定是野人嘎嘎抱走了，就赶忙一边敲锣一边喊："快抓野人嘎嘎哟——！"因为大山里喊话不容易听得清，凡是遇到大事就敲锣，锣声一响，人们就都听见了，都帮着喊："抓野人嘎嘎哟！"

众人齐声大喊，就把野人嘎嘎吓跑了。她把娃娃丢在了石头上，娃娃被救了回来。每次外婆说到这里，就会紧紧地将我抱在怀里，说嘎嘎不在家的时候，别人敲门不能开啊！晓得不？一开门野人嘎嘎就来了。我听话地连连点头。

那时我才几岁，神农架发现野人的说法还远没有形成轰动，外婆的故事说明早就有了关于野人的传说。只是到后来，随着人类活动越来越频繁，反倒难以用事实来证明了。

但“野人”似乎并非空穴来风。

屈原的诗里有过“山鬼”的描写，那是否也有野人模糊的影子呢？当然，那山鬼在诗人浪漫的诗句里，驾乘红色的山豹，身后跟着布满花纹的野猫，忽而登上高山之巅俯瞰溪河，忽而行走在幽暗的森林之中采摘花朵。她并非魑魅魍魉，却是身披薜荔、腰束女萝、眼波微微流转、齿白唇红、笑靥生辉的女子，令人过目不忘的山鬼。两千多年前的诗人屈原是在神农架的大山里见到了何种灵物而获取的灵感？对此我们不得而知。

多年来，人们从想象的虚拟世界还原到现实的真实环境，试图用现代科技来考察求证“山鬼”或“野人”的存在。但一次次考察的结果似乎始终没有找到确切的证据，来证实神农架的确存在传说中身高两米、红棕毛发、面目狰狞且直立行走、抓住人会大笑不止的野人。有的学者认为从生物学的角度看，一个物种不可能只靠一对，或者几十的个体而繁衍，小群体难以避免的近亲繁殖，必然会导致遗传

神农谷石林（薛扬 摄）

多样性的消失，从而使整个群体走向灭绝。这样的例子并非一二，比如1977年在新西兰峡湾地区发现的最后一群猫面鹦鹉，仅有18只，而且全都为雄性，不久也就完全消失了。如果神农架一直存有野人，那么至少需要几百个个体，才能作为群体存活下来，而多年的考察搜寻都只是找到一些似是而非的毛发、足迹，并没有真正地发现野人。

一些古人类学家认为，"野人是远古智人进化到现代人之间缺失的一环"，这一说法尚没有取得任何科学依据。还有一种理论认为，如果"野人"真的作为一种大型陆生动物存在，必然会有一定的进化历史，会留下容易被发现的化石。如目前人们所发现的许多类人猿、猿人、古人类化石，但却从没有发现过能与"野人”联系起来的化石。虽然有人认为“野人”是巨猿的后代，并在中国多个地方发现过几十万年至上百万年间的巨猿化石，仅牙齿化石就有上千颗。但巨猿在大约30万年前已经灭绝，如果“野人”是从巨猿进化来的，这30万年的进化历程中留下的化石证据又为何从未被发现呢？

尽管如此，神农架的野人之谜从来没有让国内外的探索者望而却步，十年，二十年，三十年……，他们以青春和梦想融入神农架深幽的山林之中，寻找那似乎显现但又似乎并不存在的生命，试图拨开一层层迷雾，求证一个完全可能被否定的结果。

事实上，这样的传说和求证历史已逾千年。

我国关于野人记载最早见于《山海经》，

“熊山有野人，其状人面兽身，一手一足，其音如钦”。熊山即指神农架，从前多熊，故古来谓之熊山。《春秋》中也有记载，周成王时（公元前1063年），麇庸之地活捉了一个野人，献给周成王。麇庸之地即指神农架边缘的房县一带。1974年，在房县七里河出土汉墓群里，发现一个铜铸的九子灯，灯上花纹为树上坐着两个长毛野人，形象生动，跟人们传说中描述的野人别无二致。这证明，这一带自汉代就有了野人的传说。

明代李时珍在《本草纲目》中也对“野人”有过记述：“其面似人，红赤色，毛似猕猴，有尾，能人言，如鸟声，睡则倚物。获人则见笑而食之，猎人因以竹筒贯臂诱之，俟其笑时，抽手以锥钉其唇著额，候死取之。”

红坪画廊（薛扬 摄）

清《房县志》卷十二杂记中记载："房山高幽远，石洞如房，多毛人，长丈余，遍体生毛，时出噬人鸡犬，拒者必遭攫博，以枪炮击之，不能伤，惟见之，即以手合拍，叫曰：筑长城，筑长城，则仓皇逃去。父老言，秦时筑长城，人避如山中，岁久不死，遂成此怪，见人必问城修完否？以故知其怯而吓之。"看来这长毛的野人来源不一，或者就是早年避入山中逃难的平常人而已。清代以"性灵说"闻名的诗人袁枚也曾听到过神农架的野人传闻，袁枚一生喜爱自然，从年少到八十余岁经常是终年游历山水，据说他也探察过神农架的野人，后来颇为遗憾地说道："余询之土人，云传闻有之，未有见之。"

如此这般，从古时的传闻到我亲耳听外婆

所说“野人嘎嘎”的故事，足以可见神农架的“野人之谜”并非是今天的人们刻意编造的谎言。世界上，也不仅神农架有野人之说，“直立行走、身高过2米、手长垂至膝、脚大、双眼朝前、面似人脸、毛发长、色黑红”，这样的外貌特征，在世界各地的传说中流行。中国与尼泊尔交界之处，被舍巴人称之为“耶提”的喜马拉雅山雪人，曾在18世纪一张描绘西藏高原野生动物的中国古画中就出现过。1832年，尼泊尔的第一位英国公使B·H·霍德森在他的著作《阿尔泰·喜马拉雅》一书中还具体描述道：“能直立行走，遍体长满长的黑毛，没有尾巴”，跟传说中的神农架野人极为相似。类似的还有蒙古的阿尔马斯人、西伯利亚的丘丘纳、非洲的切莫斯特、日本的赫巴贡、澳大利

神农顶冬景（薛扬 摄）

亚的幽威、美洲的大脚怪沙斯夸支等。

奇怪的是，看起来这些一直未被证实，其存在一直屡遭否定的“野人”，却总在被人们期待着，至今仍然顽强地存在于世界各地的传说之中。这不能不让人深思。

有科学家认为，虽然传说不能替代科学判断，但野人之谜却是一个极具诱惑力的，具有人文意义的话题。它激发起人们，特别是青少年探索自然界奥秘的热情；同时也在潜移默化之中，培养人们保护生态环境的意识，引导对于生命之谜的慨叹和珍视。

正因如此，野人之谜当常说常新。

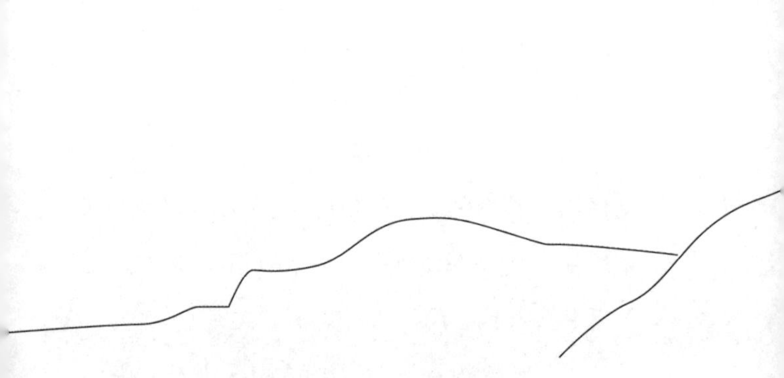

华中秘境

神　农　架

三 辑

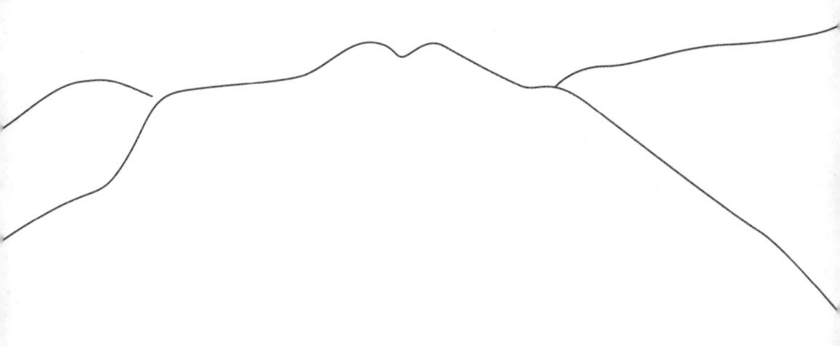

天赐之水 / 大九湖 / 流向三峡的神农溪 / 香溪河

水是生命的源泉。

看山必观水，没有水的山就没有灵气。

神农架灵性十足，在它境内河流纵横，瀑布、湖泊、深潭、湿地密布，山连着水，水连着山，山水相依，如诗如画。水流湍急的香溪河、神农溪（沿渡河）、南河、堵河，串起一条条潺潺小溪，一一数来，竟有大河小溪共317条，其中香溪河的流域面积超过1000平方公里。

神农架的水能资源十分丰富，且水质优良，乃天赐之甘泉。专家们说，中国南水北调工程的十滴水里就有一滴来自神农架。

平日里，人们在享用水的时候，可能极少会想到水是从哪儿来的？即使想，也只会想到眼前的水来自哪条河或是哪口井，却难以想到覆盖地球表面72%面积的水，最根本的源头究竟来自何处？

地球上的水之源，到目前为止仍是未解之谜。无数科学家经过长期研究，提出“外源说”和“自源说”。

外源说又有几种推断，一是认为地球上的水来自彗星和富含水的小行星，是它们在与地球撞击之时，将其中冰封的水资源带入了地球的环境；二是认为水最初是星际尘埃的组成部分，而地球则正是由星际尘埃组成的；三是认为地球上的水是太阳风的杰作，大气层在太阳风的催动下，宇宙水以雨、雪的形式降落下来。

自源说则认为水来自地球本身，地球起源时，在自身演化过程中就形成了水。

持有不同观点的科学家谁都没能说服谁。但人们应意识到，无论来自何处，作为生命之源的水都极为珍贵。

而且，作为一位中国公民，还必须明白，虽然我国的淡水资源总量较多，但人均占有量却远低于世界平均水平。据有关资料显示，我国主要河流都出现过连续数年的枯水和丰水现象。例如黄河在近几十年内就曾出现过连续28年（1972—1999）的枯水期，其中21年中出现断流现象。还有，中国缺水主要是西北区域，淡水资源的污染问题也在全国范围内频现，越是丰水区和大城市、人口密集地区，污染现象越是严重，丰水区也因此出现水质性缺水。总的来看，淡水资源南多北少，跨越千山万壑的南水北调工程，就是用来解决中国淡水资源不平衡的硬办法之一。

神农架丰沛优质的清泉成为南水北调中线

神农谷夏（薛扬 摄）

的水源地。

很多京城的朋友见了面，得知我出生在长江三峡，紧邻神农架，便不由得说道：“我们同饮一江水。”话语里蕴含着对“水”的唏嘘，也有对遥远南方高山大川的不尽感激。

天赐之水，甘甜无比。

闻名遐迩的大九湖，是神农架最为璀璨的蓝色宝石，是月光下相伴群山的明珠仙子。

大九湖深藏在“抬头见高山，地无三尺平”的群山怀抱之中，南北长约15公里，东西宽约3公里，因由九个高山湖泊组成而得名，素有“九湖九溪九道河，九山九梁九字号，九孔九洞九坎坪，九弯九坝九重天”之说。当地百姓则朴素地描绘这里的景象为“四周山纵横，中间一地坪，绿树满坡生，水接天坑渗”。

九个波光粼粼的湖泊仅由一条小溪携带相连，于是犹如一串闪闪发光的珠链。更为奇特的是，在山的另一侧，又还有似一粒粒珍珠组成的小九湖。

大小九湖珠连玉串，明媚可人。

所有美丽的地方都会有动人的传说，大九

湖也是如此。

先是跟神农有关的“九龙饮酒”。大九湖周围有九座山峰，无论天气阴晴，湖面的波光里都会显出山峰的倒影，乍一看，就如九条苍龙在湖中嬉戏。那龙头龙须、龙身龙尾随着水波荡漾不停摆动，活灵活现。传说这九条龙本来自东海，神农采药酿酒时，邀请八方来客，这九条苍龙闻讯而来，不料尝过了神农亲手酿造的药酒，就舍不得放杯，一饮再饮，竟然醉倒在此，再也不想归去。天长日久，便化作了一座座壮观的山峰。

又相传很久很久以前，宛如仙境的大九湖引来了天上的仙女，她们时常飘飘洒洒地从南天门下到凡间，在这清澈透底的湖水里沐浴嬉戏，玩耍够了才驾起白云返回天庭。没想到仙女们的到来被藏在深山里的一个恶魔黑山老怪发现，他不仅一心想霸占大九湖，还想抢走那些美丽的仙女。于是他成天守在大九湖旁，糟践湖水，吞吃动物，弄得四周乌烟瘴气，腥气冲天。方圆千里的百姓都不得安生，仙女们再也不愿降临到湖边。

一位自小就在湖边长大的年轻猎人气愤难平，一心想为百姓们除了这黑山老怪，他听说神农曾传下一把斩妖剑，便四处去寻找。找啊找，找了多日也未见踪影。后来他顶着大风和冰雹，爬到了神农顶上，见一个头上长角的魁梧老者向他走来，问："你要去斩除妖魔，就不怕丢了性命？"

年轻猎人坚定地说："妖魔不除，百姓难活！"老者赞许地点头，遂递给他一把寒光闪闪的宝剑，转眼就不见了踪影。年轻猎人喜出望外，

高山杜鹃湖（薛扬 摄）

他明白是神农炎帝亲手相助，顿觉浑身注满了力量。于是持剑从神农顶飞奔而下，在大九湖边与黑山老怪斗了整整三十六个回合，终于一剑砍掉了妖魔的头，而他也精疲力尽地倒在了大九湖边。

他手中的剑化作了如今的石剑峰，身躯化作了将军岩，百姓们将这位为民除害的年轻人封作了他们心目中的将军。

横看成岭侧成峰，大九湖边的那九座山峰有时看去像龙，有时又像牛。当地传唱的歌谣中还有："四川过来九条牛，走到九湖没回头，何时识得其中味，不出天子出诸侯。"

传说唐代时，唐中宗李显曾被母后武则天贬为房州卢陵王，栖居在紧挨神农架的深山之中。房州即为如今鄂西北的房县，是中国年代最早、规模最大、历史最长久的流放地之一，仅史书上记载流放到此的帝王就达14位之多。房州纵横千里、山林四塞，却离长安、洛阳都不算远，流放宗室亲贵于此，便于监控和召回。唐代李显被流放于此，为了重登太子之位获取天下，他暗中招兵买马，拜薛刚为帅，屯兵神农架大九湖练武多日，后来一举推翻武周王朝，恢复了“唐”朝，重新登上了中宗皇帝的宝座。

大九湖周围至今仍保留着卸甲套、点将台、小营盘、擂鼓台、八王寨等当年屯兵练武的遗迹。据说当年薛刚在大九湖设了十个营，每一个营都驻扎在山边的平地里，称之为号。各号之间相距不过5公里，因而大九湖就有了从一字号到九字号的地名。第十个则是薛刚的大本营，叫帅字号，就坐落在落水孔附近。

历史深厚的深山明珠大九湖，四周环抱的山脉曾“浓林如墨、鸟飞难通”，但在近代经过几次大规模的无序开发、围湖造田，生态环境受到了严重破坏，草甸和沼泽锐减，湖泊水体也被污染甚至消失，野生动物被迫迁徙，部分珍稀植物逐渐消亡。就在这大九湖的落水孔附近，有一棵被人称作“枯木逢春”的古栎树，树龄已有400多年。20世纪70年代，这棵树附近有一户人家，见老树枯死就想砍掉它，但奇怪的是这树干坚硬似铁，斧头砍坏了好几把，砍树的人个个叫头疼，却没能砍倒树，只是从树皮里渗出血一样的汁液。

从那以后，人们再也不敢砍这棵“枯树”。没想到过了些年，也就是80年代初，枯树居然冒出了绿芽，枝干渐渐又伸展活了过来，人们欣喜

香溪源（薛扬 摄）

地叫它“枯木逢春”。如今，来到大九湖的落水孔，远远就会见到那棵峭拔的古树。

它顽强的生命在大九湖甘泉的滋润下得以重生。

为保护好大九湖这颗“高山明珠”和众多野生动植物，2006年9月经国家林业局批准，成立省级自然湿地保护区，对居住在大九湖核心区内的300多村民实施“生态移民”，建立了多处移民安置点，让当地群众住上了新房，还大九湖一片宁静。

通过生态移民改善环境压力、兴修工程修复湿地功能、加强科研监测等措施，大九湖湿地生态功能得到明显提升。一度被围湖造田侵蚀殆尽的湖泊，苦尽甘来。现如今，每到两季湖面可达5000亩，即使是枯水季节的水面也有

1500亩之多，大九湖终于恢复了罕见的亚高山湿地原有风貌。

于是在这高山顶上的大九湖，一个个水色幽暗的湖泊就像蓝色的宝石，不时可以看到它们闪动的光芒。初秋时，湖里还可见到一些秋荷的残叶，湖畔大片金色的芦苇，迷茫的花絮招摇着人眼；湖的上空布满了火烧云，大团大团的火烧云映在水中，碧蓝伴着红晕的秋景让人沉醉。

流向三峡的神农溪

神农溪，从高高的神农架流淌下来，是那位伟大的先祖撒下的生动甘甜的水；又像是他的孩子一般，从他宽阔的胸前一跃而下，欢快地蹦跳着，一下子就好远好远。炎帝神农巍然慈祥地立在云端，胡须化作茂密的丛林藤蔓，想挽住溪流的脚步，小溪转瞬间又调皮地挣脱开来，一直向前奔跑，流入长江。

所以，人们在巫峡口就会感受到神农架的气息，清凉的、洁净的，带着万千树木和药草的芳香。

一条河因地段的不同，人们可以将它叫出好些个名字，好比一个孩子有学名，还有小名和昵称。神农溪又被叫作沿渡河，靠近下游的一段又叫龙船河，这名字让人觉得喜气洋洋，有一种乡土家园浓烈的温暖扑面而来。

金丝猴（薛扬 摄）

金丝猴（薛扬 摄）

这条发源于神农架“华中第一峰”南麓的溪流，湍急险恶却又不失玲珑秀丽，既温顺又刚烈，张弛有度，由南向北穿行于深山峡谷之中，于雄奇的巫峡口东汇入长江，全长60公里。河流两岸的山岩陡峭对峙，逶迤绵延，狭窄处如险峻关隘。大大小小的溶洞，崖壁上钟乳密布，怪石嶙峋，尤其溶洞口那些不知是什么年代的战乱留下的断壁残垣更是平添神秘。

溪流一路流走又收纳了十几条山间小溪，好几处瀑布，形成各具“险、秀、雄”的绵竹峡、鹦鹉峡、龙昌峡。溪流迂回曲折，跌宕起伏，形成一道道长短各异，急缓不同的滩，素有“一里三湾、一湾三滩”之说。峡中既有深潭碧水，也有卵石浅滩。船儿行走于此，船底必与河底的卵石摩擦，船工纤夫须得跳下河去，肩扛船帮，减少船底的磨损。若是落差高达几米的急滩，船儿则似离弦之箭，转瞬便换了风景。

母亲曾说起她乘坐“弯豆角”沿着龙船河去神农架山里的事。那时，溪面上的船具大都是一种窄窄的、如同一只弯弯豆角的小船，河上险滩密布，逆水行舟须得船工上岸拉纤，三五个全裸了身子的男人躬着背，长长地拉着纤绳，将步子走成无数个“之”字，才能使船破开箭一般的急流，过得了那滩去。母亲用一把油纸伞挡住自己的眼睛，峡谷里便没有了赤裸的晃动，只有那纤夫的号子在峡间回荡：“吆嗬嗬……嘿佐……，拖——拖——”。

年轻的母亲顺着那小溪来去了好几年，她在后来的讲述中时常提到这里的故事。多年前我第一次来到龙船河，兴许就因为那里有过母亲的踪迹，处处感觉似曾相识，以至于神农架发源的这条河从此成为我笔下一个亲切熟悉的家园。后来有一位导演将我的中篇小说《撒忧的龙船河》拍成电影，他和制片人都坚持将片名叫作《男人河》，而我心里却一直存有遗憾，对那神农溪或龙船河的名字多有不舍。

这条夹杂着远古气息以及树木、药草芳香的溪河依旧不断变化着。由于三峡大坝的修建，浩荡的江水渐渐上涨，巫峡口的江水倒灌入神农溪，那一道道湍急的险滩变得平静如镜，从前由纤夫们躬腰及地、奋力拖拉的“豌豆角”改做灵巧的机动船，峡谷变矮，从前高高的崖壁之上的悬棺、栈道也都似乎近在咫尺。

溯源而上，那巍巍古老的原始森林也变得不再遥远。神农溪如一条神奇的通道，将原始的古朴、野趣，与现代的工业、科技和信息联为一体。

神农顶日落（薛扬 摄）

香溪河

神农架还养育了一条美丽的香溪河。

香溪河有东西两源，东源在神农架林区骡马店，叫东河或深渡河，全长64.5公里；西源在大神农架山南，叫西河或白沙河，河长54公里；东西两河在兴山县高阳镇昭君村前的响滩汇合后，始称香溪河。神农架木鱼寨以北3公里的岩石上，刻有“香溪源”三个大字，为曾经撰写经典报告文学《哥德巴赫猜想》的著名作家徐迟亲笔题写。

香溪河流经兴山、秭归两县，于香溪镇东侧注入长江。

这条河蜿蜒曲折，亦是深潭与险滩相间，急流与缓沱相连，时而潺潺婷婷，温润婉秀，时而奔泻如瀑，飞珠溅玉，给高远巍峨的神农架增添了伸向远方而又多情的韵致。那百里河水清澈见底，可见一颗颗五光十色的鹅卵石，在阳光下灼然放光，细看去，竟浑然生成各种奇妙的图案和线条，令人惊叹。

香溪河的发源地奇峰竞秀，云游雾绕，林间野花竞放，百草幽香，相传那一股清泉本为炎帝神农采得药草之后的洗药池，满池泉水尽得百草之精华。流淌的河水四季常清，纤尘不染，更因从石灰岩缝中渗出，而带有独特的丝丝甜香。唐代陆羽曾赞："天下水名列前茅者有二十种，以归州香溪水为第十四品。"香溪水因此又被称为"天下第十四泉"。

香溪河也有多个名字。《清史稿·地理志》兴山条载："城南香溪，一名县前河，……合白沙、九冲（即深渡河）河，至城南，始为香溪。"《兴山县志》又载："香溪水味甚美，常清浊相间，作碧腻色，两岸多香草，故名香溪。”

香溪又叫作“昭君溪”。

溪水沿山势流经兴山县高阳镇宝坪村，后改名为昭君村。那里正是汉代美女王昭君的故里，古来便有“昭君临水而居，恒于溪中洗手，溪水尽香”的传说。

唐代诗人杜甫曾久居三峡一带，留下诗作若干，其中《咏怀古迹》写道：“群山万壑赴荆门，生长明妃尚有村。”诗中的明妃村即指昭君出生地宝坪。王昭君，名嫱，字昭君，出身“良家子”，汉元帝时被选入宫廷，入宫后，因未贿赂画师，其画像被丑化，不得不居冷宫数年。竟宁元年（公元前33年）匈奴呼韩邪单于来朝求亲，自言欲娶汉家女而身为汉家婿。昭君在后宫得知，毅然自请“求行”。临行之时，汉元帝才

三十六把刀（薛扬 摄）

发现她沉鱼落雁之美貌，不禁心生悔意，但已无法挽回。昭君到匈奴后被封为宁胡阏氏，汉元帝为表彰昭君，改年号为竟宁。

王昭君出塞和亲，成就了汉和匈奴两族多年的安宁和睦，以及岁月难以抹去的亲情。从古到今，人们喜爱和怀念这位美丽大气的女子。兴山县原属秭归县所管辖，三国时置县。故秭归县有一“汉明妃王嫱故里”的石碑，山崖上留存“香溪孕秀”四个摩崖石刻大字；宝坪村一带更有多处昭君古迹。昭君宅、望月楼、梳妆台、楠木井、王子崖、明妃墩等遗迹，就连通往梳妆台的台阶也刚好16级，象征昭君在此生活了16载。当代一一得到精心维护修葺。

传说少女王昭君在未曾选入宫前，常在香溪河边洗脸梳妆、浣洗衣衫，有一天在溪口洗脸时，不小心碰断了脖子上佩戴的珍珠，一粒粒散落在香溪河里，所以这河底的石头总是晶莹闪烁，如珍珠一般。最让人称奇的是，每逢桃花争妍之时，香溪河中就游来一条条酷似桃花、身披羽翼花瓣、色泽透明的鱼儿，人们叫它桃花鱼，相传是为昭君而生。

传说昭君出塞前，从京都返乡探亲，泣别乡亲之时，正值桃花盛开，她一路弹着琵琶，泪如雨下，那泪珠与水中的桃花汇聚在一起，就化作了美丽的桃花鱼。每逢桃花盛开时节，一簇簇桃花鱼，一闪一闪地荡漾在碧波里，与岸上的桃花相映成趣，而当桃花凋谢时，它们也随花而去，消失得杳无踪影。桃花鱼的传说，在《宜昌府志》中早有描述，说它“以桃花为生死。……质甚微，视之，仅有形，或取著盆中，大如桃花。……桃花既尽，则是物亦无矣。”有一首古诗咏曰：“春来桃花水，中有桃花鱼。浅白深红画不如，花开是鱼两不知。花开正值鱼戏水，鱼戏转疑花影移。”

桃花年年开，鱼儿游去又游来，年复一年，香溪河畔与昭君有关的传说已是久远，可是人们对于昭君的怀念却始终如故。

更富有传奇色彩的是香溪河口常年没有浪潮。

在香溪河与长江的交汇处，碧玉般的香溪水与曾是浑黄的长江水汇合成一条彩带，四季风平浪静，完全不似那些同样从高山之间奔入三峡长江的河流，汇合处尽是浪潮汹涌，波涛翻卷。传说这是因为昭君的一句安抚。

传说昭君回到宝坪村省亲之后，便坐着龙

头雕花木船顺流而下，到达香溪河口，只见长江浪花向花船纷纷涌来，有道是朝拜明妃昭君。

昭君站在船头，感激地说："免朝（潮）。"

于是，长江的浪涛便恭顺地退去了。

从此，即便是夏季洪峰来临，波浪滔天，这由神农架奔流而至的香溪河口也仍然是一派平静。江河之间，似乎仍回响着那去向远方的美丽女子的声音，就连桀骜不驯的大江也礼让三分，让人不得不感慨，这奇特的自然现象，该是寄予了多少对生于此地的昭君女儿的珍爱之情。

神农顶日出（薛扬 摄）

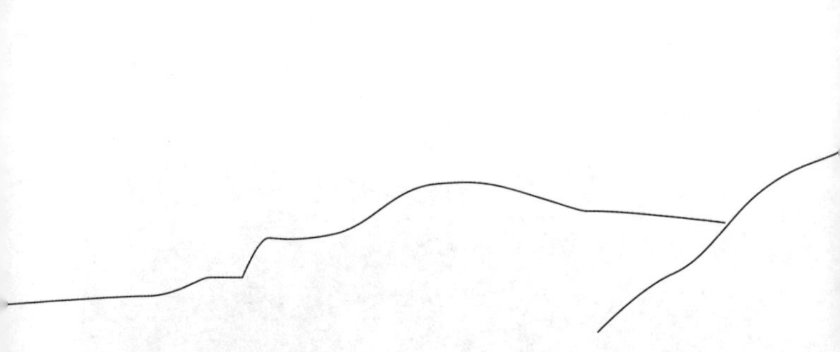

四　辑

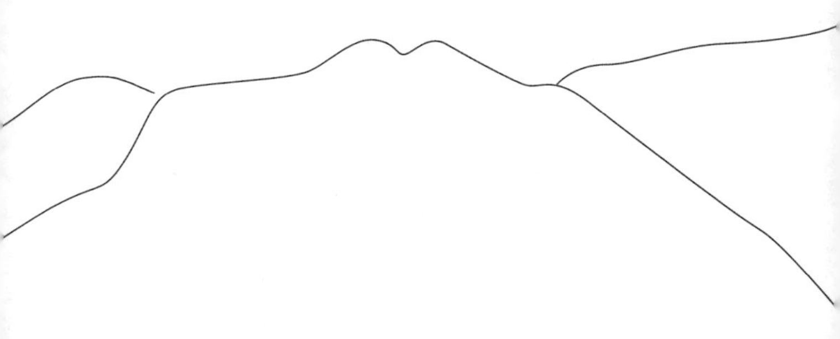

园林之母 / 茶之为饮，发乎神农氏 / 《神农本草经》 / 伟岸的森林

历史上，神农架因为沟谷深彻，高低落差，既有海拔3000多米的“华中屋脊”，也有100多米的低谷平地，气温悬殊四季花开，早在十九世纪就因极其丰富的植物资源而在世界上为中国赢得了“园林之母”的称号。

一位爱尔兰籍的英国人奥古斯丁·亨利最早注意到神农架的植物。他1881年来华，担任英国驻宜昌海关的医务官。他在居住宜昌的日子里不仅学会了汉语，还在三峡、神农架一带采集了大量的植物，并将500多种样本带回英国，送给了大英帝国有名的伦敦基尤花园，其中的许多珍稀物种经过培育，后来成为世界著名的园林植物。

这位医务官因为在中国神农架的惊人发现而名声大噪。他在英国《皇家亚洲社会》期刊上发表了一份关于中国植物物种名录的论文，宣称自己在遥远的中国内地发现了一个“惊人的地方”，那是人类梦想中的“伊甸园”。他所指的“惊人的地方”就是神农架。

医务官的论文很快吸引了科学家们的注意，英国当时最为著名的自然学家、植物学家、探险家欧内斯特·亨利·威尔逊便于1899年开始了他的中国西部之行。当时大巴山、横断山脉的崇山峻岭里，车马根本无法通行，人的攀爬都极为艰难，但这位执着的科学家吃尽了苦头，先后四次深入到中国西部及神农架的茫茫森林里。冒着随时可能受到野兽伤害的危险，先后采集了4700多种植物，制作了65000多份植物标本，其中有人们最为喜爱的“鸽子花”——珙桐，以及中华猕猴桃的种子。

威尔逊收获满满，他雇用了二十多个身强

高山杜鹃（薛扬 摄）

力壮的当地汉子，用三峡人的大背篓将这些数不清的植物标本背出了神农架，又车载船运辗转回到了英国。

后来，中华猕猴桃在这位英国植物学家的改良培育下，成为现在重要的出口水果，源源不断地输往世界各国，也不时回到它的出生地。这些原本诞生于中国神农架的带有特殊芳香的小猕猴桃，已经变得圆硕肥大，且汁液饱满，受到世界人们的喜爱。但不得不说，它已经没有了昔日的清香，那只能是神农架才能给予它的特殊的香甜。

这且是后话。在1913年，亨利·威尔逊很快发表了《威尔逊植物志》，其中有4个新属，382个新种，323个中国本土植物的新变种。这些包括来自中国神农架的植物立刻在世界上声名远播。神农架再一次造就了一位科学家的辉煌，威尔逊不久应聘担任了美国哈佛大学植物研究所所长，并于1929年在美国出版了激动人心的著作《中国——园林之母》。他在书中写道：“中国的确是园林的母亲，因为在一些国家中，我们的花园深深受益于这些来自中国的植物，从早春开花的连翘、玉兰，到夏季绽放的牡丹、蔷薇，再到秋天傲霜的菊花；从现代月季的亲本、温室杜鹃、樱草，到食用的桃子、橘子、柚子和柠檬等，这些都是中国贡献给世界园林的丰富资源。事实上，美国或欧洲的园林中，均拥有中国的代表植物，而且这些植物是乔木、灌木、草本、藤本物种中最好的……”

自此，中国便以“世界园林之母”的称号驰名于世，神农架更是从此进入世界的视野。

茶之为饮，
发乎神农氏 »

学问渊博、清高淡泊的陆羽，生于唐代复州竟陵，也就是如今的湖北天门，从年少时始，他几乎穷尽大半生的精力，从巴蜀一带寻访中华各地，最后隐居浙江苕溪，写出了一本中国乃至世界现存最早、最完整、最全面介绍茶的专著《茶经》，被后人颂为茶圣。

在这本名副其实的茶叶百科全书里，详细介绍了茶的起源、茶的用具，茶叶的采制、烹煮、饮用等，还讲述了自古以来有关茶的故事、产地和药效，以及茶种的分布、优劣等。陆羽在《茶经》里多处提到炎帝神农，写道："茶之为饮，发乎神农氏。"

在《茶经》"一之源"一章里，陆羽用其隽永的文笔写道："茶者，南方之嘉木也，一尺二尺，乃至数十尺。其巴山峡川有两人合抱者，伐而掇之，其树如瓜芦，叶如栀子，花如白蔷薇，实如栟榈，蒂如丁香，根如胡桃。其字或从草，或从木，或草木并。其名一曰茶，二曰槚，三曰蔎，四曰茗，五曰荈。其地，上者生烂石，中者生砾壤，下者生黄土。”他这里说到的土壤形态，正是三峡一带，巴山峡川拱围的神农架也在其中。

陆羽又在《茶经》的“八之出”中写到茶叶的出处，他将唐代全国茶区的分布归纳为山南（荆州之南）、浙南、浙西、剑南、浙东、黔中、江西、岭南等八区，而列在第一的便是“山南以峡州上，襄州、荆州次，衡州下，金州、梁州又下。”峡州即三峡地域也。

在神农架的崇山峻岭中，至少在公元前2700多年以前的神农氏时代，就有了“茶”。

据《神农本草经》记载，“神农尝百草，一日遇七十二毒，得茶而解之。”《神农·食经》记载：“茶茗久服，令人有力、悦志。”传说神农氏为了解除人间的痛苦，给患病的人寻觅良药，经常到神农架的深山野岭去采摘百草，亲口尝试，自己体会药的效果。有一天，他尝到了一种青枝绿叶，不料却有毒，不一会儿便感到舌头发麻，天旋地转。他赶紧背靠一棵大树坐下，这时一阵风吹来，几片带着清香的叶子落到了他身上，本来就爱尝吃百草的神农不由地将那树叶捡起，顾不得多想就放进嘴里咀嚼，刚嚼了几下，就感觉舌底生津，一股奇特的馥郁之气冲上了脑门，浑身的不适顿时消失。神农不禁惊喜万分，连忙又摘下一些树叶细看，发现这小小的叶子与众不同，当下便采

高山杜鹃花（薛玚 摄）

集了一大堆，带回去反复品尝，果然是止渴、消食、祛痰、提神、明目，后来就把它命名为“茶”。

虽然关于“茶”的起源还有另外几种说法，但人们大都愿意相信茶的发现来自神农。

传说神农的肚子如水晶般透明，他吃下的食物，身旁的人都可以看得清清楚楚。当神农尝到这种开白花的绿树嫩叶时，就见这绿叶的汁液在他肚子里流动，带走了好些脏物，又好似在身体里巡查，于是人们便将这种绿叶叫作“查”，之后，渐渐由“查”变作了“茶”。

痛惜神农终日翻山越岭，不停地品尝各种植物，常遇到有毒的花草，皆靠茶来解救，但最后一次不幸尝到了含有剧毒的断肠草，还没来得及吞吃茶叶，就七窍流血倒在了地上。

人们忘不了神农的千般好处，认定他为“中华茶祖”。

神农架也因此被认为是茶叶的起源地。这与茶圣陆羽的说法不谋而合。

的确，自古高山云雾出好茶。处在高海拔大巴山脉的神农架，终年云雾缭绕，在这里生长的茶树接受日光照射与平原自有不同。神农架有的植被覆盖率，无任何污染源，每立方厘米约含16万个负氧离子，为“天然氧吧”；漫射光多，昼夜温差大，因此有利于茶树自身营养物的体内循环，茶树中茶多酚、氨基酸、果胶质等营养物质得以积累和贮存。

再则，那扎根于岩石间的茶树根系有力，盘根错节，将有益物质通过根系吸收并输送至叶面，茶叶因此根深叶壮，滋味醇厚。在神农架的木鱼镇、红花乡、下谷一带出产的高山绿茶已成名牌，如炎帝奇峰、青天袍、神农奇雾、百年草茶、杜仲茶等。

远古的茶香飘到今天，芳香着人的身心。

不能不感慨，神农架包含太多历史的回声，弥足珍贵的创造。《神农本草经》也是其中之一。

中国的药物学渊源深厚，历代均有传世之作，而成书于汉代的《神农本草经》则是现存最早的药物学著作。此书又称《本草经》或《本经》，正是起源于神农氏。远古之时，“民有疾病，未知药石”，神农炎帝“乃味草木之滋，察寒温之性，而知君臣佐使之义。皆口尝而身试之，一日之间而遇七十毒。或云，神农尝百草之时，一日百死百生，其所得三百六十物，以应周天之数，后世辄传为书，谓之《神农本草》”。

当然，成书非一时，亦非一人，经历代口传心授，于东汉时期为贤人集结整理成书。专家称，此书是对中医药的第一次系统总结，其中的配伍规则以及“七情和合”原则，在几千年的用药实践中得以脉脉相传，是当之无愧的中医药药物学理论发展的源头和精髓。

这本宝贵的药典共收药物365种，其中植物药252种，动物药67种，矿物药46种。书中又将药材分为上、中、下三品，上品者可常吃无毒，中品者有小毒，下品者是泻下，或者有大毒。其文字简练古朴，详细记载了每一味药的产地、性质、采集以及主治的病症，概述了各种药物的搭配应用。

毋庸置疑，那些药物大都出自神农架这座郁郁葱葱的百草园。

据有关资料记载：独特的地理环境和小气候，使神农架成为我国南北植物种类的过渡区域和众多动物繁衍生息的交叉地带，拥有各类植物

3700多种，其中菌类730多种，地衣190多种，蕨类290多种，裸子植物30多种，被子植物2430多种，加上苔藓类可达4000种以上，其中有40种受到国家重点保护。

各类动物达1050多种，其中兽类70多种，鸟类300多种，两栖类20多种，爬行类40多种，鱼类40多种，昆虫560多种，其中有70种动物受到国家重点保护。

神农架几乎囊括了北自漠河，南至西双版纳，东自日本中部，西至喜马拉雅山的所有动植物物种。

《神农本草经》这部最早的药典引来无数后人的效仿。出生于明代黄州蕲州（今湖北蕲春县）的李时珍，追随神农的足迹，他身背竹篓，手提小锄，破荆棘，穿藤蔓，先后到他家乡周围

七叶一枝花（薛扬 摄）

的武当山、神农架、庐山及湖广、南直隶、河南、北直隶等地，行走于老林深处，采摘于悬崖绝顶，收集药物标本和处方。他一路拜访渔人、樵夫，考古证今、穷究物理，历经几十个寒暑，三易其稿，于明万历十八年（1590）完成了192万字、共52卷的巨著《本草纲目》，载药物1892种，医方11096个。

神农架至今流传着李时珍为山民治病的小故事。话说在白猿谷，李时珍碰见一个头痛欲裂的汉子，说他每天睡觉时打鼾，吵得一家人无法入睡，他自己也难以入眠，久之便头痛不已。李时珍见状，为他开了一方，用石胡荽塞入鼻中。没过七日，那山民的鼻息肉便自然脱落，从此睡觉再不打鼾，头也不痛了。

又说李时珍有一年深秋来到神农架，有位

奄奄一息的老爷爷被家人抬来求医，说是恶心呕吐，四肢无力，卧床十几天了，吃过好些药，却也不知是什么病。李时珍望闻问切后，得知老人家平素上山捡些柴草，并未走远。李时珍便亲自到这户人家所在的云雾村踏勘，只见雾气笼罩，竟然面对面说话都难以见人，又听说这些日子都是如此，村里还有一些山民也得了此病，心中便明白了八九。他赶忙亲自研磨草药，调上一些白酒，请老人连喝三日。又赶制了同样的药，让药童一一分给得病的村民。

没想到不几天，老人和村民们就都能下地走动了，村里人欣喜万分地前来感谢李时珍大夫，问他用的是什么灵丹妙药？李时珍说这病其实是山中的瘴气之毒，能致人死命，不可小视。他用的草药是在潮湿的山谷、灌丛或疏林下挖到的锦地罗根，用石杵研碎，每服一茶匙，以白酒送下。

那锦地罗贴地而生，长相华美，因而又名一朵芙蓉、钉地金钱、金雀梅等，主要生长在广西、广东的大山里，但神农架这座百药园里也有它，李时珍熟知这山里的一草一木，巧方治大病，一把锦地罗根救了村民们的命。

神农架这样的故事还有很多。

在神农架广袤的土地上，分布高等植物3684种，有70%为中草药品，奇花异草、珍贵药材不仅种类多、量大，而且疗效奇特，可有起死回生的72种还阳草，还有富有传奇色彩的“四个一”：头顶一颗珠（延龄草）、江边一碗水（南方山荷叶）、七叶一枝花、文王一支笔（蛇菰）。

树（薛扬 摄）

就说那俏丽的七叶一枝花，又名重楼、金线吊重楼、灯台七，生长在海拔800~2300米的沟谷林荫下，早在东汉时期就被收录到《神农本草经》中，以后的历代本草书又依它的药效而冠以别样的名称。此药具有清热解毒，消肿止痛的功效，民间常用于跌打损伤、毒蛇咬伤、疮痈肿痛等。李时珍曾称它："虫蛇之毒，得此治之即休，故有蚤休、螫休诸名。"神农架的山民们则编成民谣："七叶一枝花，深山是我家，男的治疮疖，女的治奶花（乳痈）。"

"江边一碗水"因其根茎的每一茎节处有一碗状小凹，且最初是在河边高山坡林下挖得此药，故得此名。又因其根茎黄褐色，每节均有一凹窝，故又名"金鞭七""窝儿七"。它开黄花，结蓝果，可散瘀活血、止血止疼，可治疗跌打损伤、五劳七伤、风湿关节炎、腰腿疼痛、月经不调等。

草药“文王一支笔”，因花序形如粗粗的毛笔而得名。民间传说周文王路经神农架，曾顺手从路边摘下它来，以它为笔写诗作画批文。又因它常寄生在其他植物的根部生长，于是又得“借母还胎”之别名。这药具有止血生肌、镇痛的功效。常用于治疗胃痛、鼻出血、妇女月经出血不止、痢疾及外伤出血等。还可作补药。

再说“头顶一颗珠”，为百合科植物延龄草的根茎或成熟果实，它的叶子生于茎的顶端，花则开于轮生叶之上，继而结出黑紫色且富有光泽的果实，好似一披纱少女，头上戴着一颗珠宝，又称“天珠”。而它的根茎粗壮肥大，呈椭圆形，下方生细根，加工成药材时常将其编扎在根茎之外方，形成球状，又被称之为“地珠”。此药活血止血，消肿止痛，祛风除湿，可用于高血压、神经衰弱、眩晕头痛、跌打摔伤等。“头顶一颗珠”已为珍稀物种，神农架自然保护区内已严禁采挖，并保护其生存的生态环境。其他地区则采取挖大留小，并采种就地繁殖，进行繁殖试验和引种栽培等科学试验。

虽然晚了些，但所幸已经开始。

我无法历数那些草药的名字，但它们林林总总，是那么奇妙，浸透了先民的智慧与奇思妙想。请记住，这些生长于神农架的植物：

八抓龙、大救驾、二郎箭、飞天蜈蚣、过江龙、红马桑、活血珠、接骨丹、金腰带、九牛子、六月寒、龙骨伸筋、露水一颗珠、墨香、祖司箭、三百棒、合欢皮、柏子仁、首乌藤、僵蚕……

我很想向那些无法得知姓名，却给百草取名者叩礼。

他们或许是神农、李时珍，也或许是樵夫、渔翁、采药人，他们给这些原本自生自灭的植物赋予了气质和人性，它们活脱脱地与人类文明亲密相融，相互庆幸。

2018年9月，恰逢李时珍诞辰500周年，“世界中医药论坛”在神农架国家森林公园举行，旨在探究神农文化，振兴中医药事业，搭建起国际中医药健康养生交流平台，让中医药更好地为世界人民健康做贡献。

神农谷（薛扬 摄）

神农架是我国内陆唯一保存完好的一片绿洲，也是世界中纬度地区的一块绿色宝地。

感恩上天眷顾，从中生代侏罗纪起，神农架一带的地史和气候的变化都相对较小，历次冰川变化的摧毁似乎并非绝情，使得这片山地一直处于安宁气候的温暖湿润下，因而得以保存着第三纪就已基本形成的植被类型和大批比较古老的种属。

用专家们的话来说，则是植物区系发展历史悠久，植被类型原始性程度高，具体表现为含有大量在系统演化上孤立的或原始的科属以及孑遗植物。神农架被科学家们认定为当今世界中纬度地区唯一保存完好的亚热带森林生态系统。

据统计，在神农架种子植物中，单属单

种的科有7个，即银杏科、水青树科、钟萼木科、连香树科、珙桐科、杜仲科和透骨草科。这些在植物学上较为独特的科，在双子叶植物中处于相对原始或孤立的位置。这里分布有11种植被类型，拥有世界上最完整的垂直自然带谱，至少分布有3767种维管束植物，其中包括珙桐、石斛等26种珍稀植物，还有神农香菊、红萍杏、银杏、秦岭冷杉、红豆杉、南方红豆杉、大果青杆、水杉、篦子三尖杉、穗花杉、胡桃、华榛、马蹄香、金荞麦、水青树、领春木、连香树、黄连、八角莲、厚朴、鹅掌楸、伯乐树、山白树、野大豆、黄柏、金钱槭、天师栗、伞花木、小勾儿茶、神农架崖白菜、白辛树、蝟实、光叶珙桐、香果树等48种国家重点保护植物。

神农林海最引人入胜的，正是它绚丽多彩的垂直景观。

无论从空中俯瞰，还是在山下仰视，都会被那变化多端的森林、灌木、花草所震撼。由于地形起伏悬殊，自然植被依据山地生态，不同的物种选择了不同的地段，随着海拔的增高，演替成各有层次的植被带。垂直分布带谱十分明显，从基带向上依次分为，常绿阔叶、落叶阔叶林带、亮针叶落叶阔叶林带、暗针叶林带。

可是毋庸讳言，“园林之母”也曾经遭受过几次大的重创，神农架的大森林在多年里前曾逐渐萎缩，令人担忧。

难忘1983年的秋天，我第一次走进神农架的深山，沿着弯弯山路，只见路侧的河沟里躺

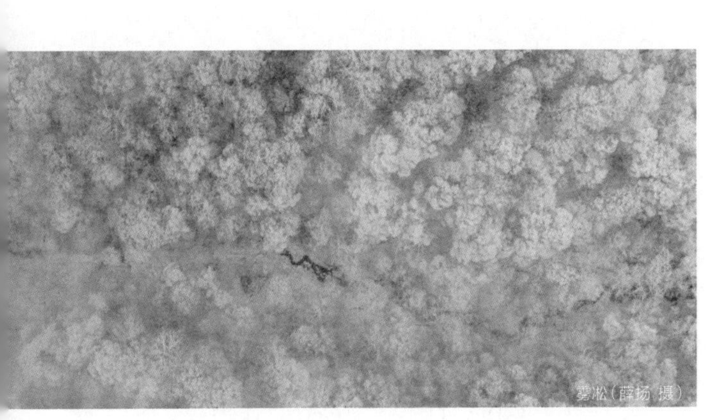

雾凇（薛扬 摄）

满了被砍伐的木料，人们说等待春季山洪来时冲到长江边，然后再在那里扎成木排，推进大江，放到长江下游的大小城市。我亲眼所见，路旁的山林里，穿蓝色工作服的林业工人正在拉动电锯，一棵又一棵松柏冷杉被放倒，而附近的山岭都成了一片又一片秃岭。

那些没了树木花草，像被扒去衣裳的山坡上裸露着突起的岩石，间插种着些玉米，长得有气无力的，瘦小的秆子，一阵风便吹倒了。那时我简直怀疑眼前的一切，儿时就对原始森林的好奇和向往化为大失所望。打那以后，我一直担忧神农架的森林是否还能在工业化到来之时得以幸存。

所幸的是，中国人对生态环境的危机感终于觉醒，神农架人在20世纪的80年代中期彻底意识到该说“不”了。他们放下电锯和猎枪，由伐木人变为守林人，狩猎者变成了动物保护者。

令人欣喜的是，随着人们生态意识的不断增强，那一片片古老的原始森林在近几十年里，由曾经的不断砍伐变为严格保护，神农架林区森林覆盖率呈明显的上升趋势，由1977年的49.9%上升到1993年的68.92%，16年间增加了19.02个百分比；而在进入新世纪之后，更进一步加大保护力度，2015年，神农架森林覆盖率达到90.4%，剩余土地则不断继续种树，神农架人称作“见缝插绿”。

林业部门根据不同的海拔高度，把全区划分为低山、中山、半高山、高山四个区域，编制下发不同海拔可用树种备选参考目录，指导全区优选树种。入选目录的红豆杉、鹅掌楸、珙桐等113种生态景观树种和七叶树、银杏、猕猴桃等27种经济林果树种，全部都是神农架原生树种。2016年以来，神农架森林覆盖率从91%跃至令人惊喜的96%，葱郁伟岸的大森林以丰厚的植被覆盖着山野，涵养水源、保持水土、调节气候，在大巴山上构成了一道浓绿的屏障。

眼前的事实是，由木鱼镇到大九湖、华中第一峰……，当年所有那些光秃秃的山头已然是绿树葱葱。放眼望去，满山遍野十分醒目的清雅挺拔的冷杉林，还有倔强蓬勃的灌木映山红、粉白杜鹃、灯笼花，以及叫不出名字的藤萝野草，无不生机盎然。而人们能走进的这些山林只是神农架的一小部分，在人们的视野之外，还有大部分山峦和森林都在被封闭的保护区之中。

面对那些未曾开发、难以逾越的崇山峻岭，我想除了科学家，我们宁愿心怀敬畏，多一些想象，而少一些进入。

神农架的古树名木达62万余株，树龄均在100年以上。它们是大自然的珍贵遗产，具有千真万确的不可替代性、不可再生性。它们是活文物、活化石，是神农架森林公园的元老。

经过两轮古树名木调查，对每一株古树名木的树高、胸径、冠幅、生长势、地形、地势、自然植被和保护情况都进行了严格的详查记录，并选择能反映其生长状况的不同角度，进行了全部或局部拍摄，通过查阅村志、区志等历史资料对树龄进行了查证和估测，确保调查资料翔实准确，数据最终汇入国家古树名木

高山杜鹃花（薛杨 摄）

数字平台。

就在近年第二次古树名木调查中，神农架又发现了10株新增的古树，它们拥有了堪比人类的身份信息，我想有必要摘录于此：

1.1300岁的银杏，古树编号：42902100538，树种：银杏，拉丁名：*Ginkgo biloba*，银杏科银杏属。位于神农架林区木鱼镇青峰村老屋里，经度：110.4747，纬度：31.4150，古树权属：个人，古树年龄估测1300年，地围990厘米，树高34米，冠幅东西向16米，南北向12米，平均冠幅14米，海拔1092米，土壤类型为黄棕壤。古树由青峰村村集体管护，管护责任人陈圣木。

2.900岁的栓皮栎，古树编号：42902100594，树种：栓皮栎，拉丁名：*Quercus variabilis*，壳斗科栎属。位于神农架林区大九湖镇东溪管护中心，经度：110.1647，纬度：31.5867，古树权属：国有，古树年龄估测900年，胸围510厘米，树高20米，冠幅东西向33米，南北向32米，平均冠幅32.5米，海拔910

米，土壤类型为黄棕壤。古树由东溪管护中心管护，管护责任人汤远军。

3.855岁的青檀，古树编号：42902100258，树种：青檀，拉丁名：*Pteroceltis tatarinowii*，榆科青檀属。位于神农架林区松柏镇麻湾村船仓，经度：110.7130，纬度：31.8051，古树权属：个人，古树年龄估测855年，胸围571厘米，树高16.7米，冠幅东西向14.5米，南北向13.7米，平均冠幅14.2米，海拔842米，土壤类型为黄棕壤。古树由松柏镇麻湾村村集体管护，管护责任人贾俊。

4.780岁的榉树，古树编号：42902100125，树种：榉树，拉丁名：*Zelkova serrata*，榆科榉属。位于神农架林区新华镇豹儿洞村白鱼洞电站路口，经度：110.9117，纬度：31.5908，古树权属：集体，古树年龄估测780年，胸围376厘米，树高20.8米，冠幅东西向19米，南北向17米，平均冠幅18米，海拔1254米，土壤类型为黄棕壤。古树由新华镇豹儿洞村集体管护，管护责任人王明见。

5.780岁的苦槠，古树编号：42902100327，

树种：苦槠，拉丁名：*Castanopsis sclerophylla*，壳斗科锥属。位于神农架林区宋洛乡中岭村水井槽，经度：110.6402，纬度：31.5210，古树权属：个人，古树年龄估测780年，胸围410厘米，树高12米，冠幅东西向15米，南北向18米，平均冠幅17米，海拔1454米，土壤类型为黄棕壤。古树由宋洛乡中岭村村集体管护，管护责任人刘启明。

……

或许，读者们从这本书里认识了这些古树之后，每一株古树就不仅是一位管护责任人了，它们未来一定会得到更多人的守护。让我们或远或近，眼巴巴、心切切地守望着它们，这些相伴大地和人类的灵物，愿它们与山川同在，千年无恙。

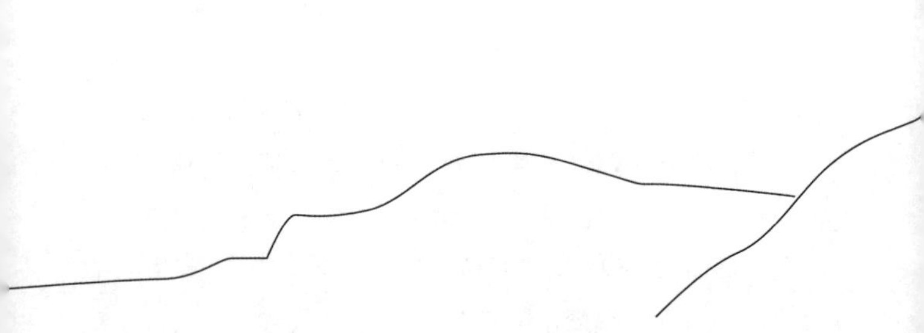

五　辑

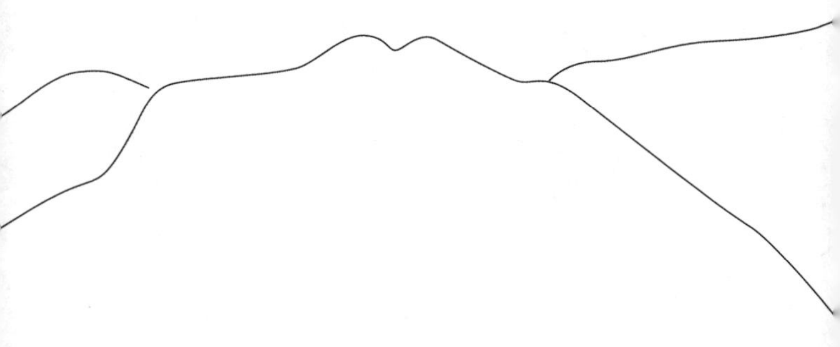

谁是森林的主人 / 长啸于山巅的白虎 / 与人对视 / 鸟儿的歌唱

神农架成为我国南北植物种类的过渡区域和众多动物繁衍生息的交叉地带。是“植物天堂，动物王国”。

1000多种动物生存于神农架的山川河流之间。

一些濒危动物物种在此怡然而居，其中一级保护动物8种：金丝猴、豹、白鹳、金雕、金猫、林麝、秃鹫、大灵猫；二级保护动物74种：黄喉貂、红腹锦鸡等，世界上最大的两栖动物大鲵也时有出没。

神农架还是各类昆虫的乐园，已发现昆虫4365种，属于本地特有的就达100多种。

活泼的金丝猴，掠过蓝天的白鹳和金雕，小溪中的鱼儿，还有小小的昆虫……它们都是神农架茫茫大森林的主人。

长啸于山巅的白虎

在绿色森林里，一头通体雪白，头顶两只角的小麂子在林间漫步，人们偶尔远远地发现了它，它步态悠闲，仙气飘飘。

谁都想去亲近它，但谁也不敢去打扰它，只能眼睁睁地看着它悠然而去，消失在幽暗的树林里。

在神农架，早已不是第一次出现这种白色皮毛的动物了。

在神农架板仓乡，古时候就曾有人发现过白蛇，人们将它视为蛇神，不仅不敢冒犯，还在山上建了一座庙专门祭奉，那山也因此被称作蛇神庙山。

20世纪50年代，一位药农在菜籽垭林中采药时，在熊窝中发现一头刚足月的可爱小白熊，后来被送到武汉中山公园饲养。而后又有人发现了一只白龟，它全身白得几乎透明，双眼如鲜红的宝石，就像一个雕刻的艺术品。后来又有人陆续发现了白獐、白竹鼠、白毛冠鹿、白猴等30多种野生白化动物。如今，在神农架野生动物博物馆里，存放着不少白化动物的标本。

人们见到最多的还是白熊，当地人叫它“过山熊”或“猫熊”，又叫作“神农白熊”。它们行踪不定，生活在海拔1500米以上原始森林的箭竹林丛中，前后发现过10余头。神农白熊性情温顺，头大尾小，两耳竖立，小尾巴总是夹着，形似大熊猫，不同的是自然有一张凸出的嘴，以野果、竹笋和箭竹嫩叶为食，饱食后常手舞足蹈。或许因为神农架人对动物的爱护，生活在此的白熊并不惧人，有时还会与人嬉闹，甚至爬到人的怀里闭目养神。

神农架的原始森林是国内白化动物最多的地方之一。人们都很奇怪，神农架为何会出现这么多白化动物？这个问题引来无数推测，也引来许多科学家在此专门研究，目前有多种说法。

第一种认为，这些动物中的某些个体出现了返祖现象。

第二种认为，随着人类的发展和活动范围的扩大，野生动物的生存空间在逐渐缩小，种群数量减少，动物之间近亲繁殖而出现了种质退化。

第三种认为，这是一种长期自然选择的结果，由于神农架独特的地貌与气候造成的。

第四种认为，这种罕见的白色可能是以前

黑熊（薛扬 摄）

物种进化生存的时候产生的变异。

还有专家认为，神农白熊或是北极熊迁移留下的后代，但北极熊以肉食为主，神农架白熊则是杂食，猜想其极有可能是一种幸存的古动物。白熊能自己搭窝，比树栖或穴居的黑熊聪明，黑熊冬眠，而白熊则在冬季也常在林海雪原中漫步觅食。

总之，专家们认为神农架"白化动物"的发现，丰富了神农架的物种，也进一步证明了神农架对珍稀、濒危物种的保护作用，对研究古动物和神农架的生态具有重要价值。

可无论出于什么原因，那些动物的一身雪白，都给神农架带来了令人向往的缕缕仙风。我虽然没有能亲眼看见那只可爱的白熊或白麂从眼前走过，但依然可以想象出青山绿水间，它们纯朴安宁的雪白，就如跳跃于冰川之上的北极狐、北极熊，徜徉于湖水之间的白天鹅和白鹭，长耳朵的小白兔，少女心中的白马王子……

回想起来，我国古籍和民间也多有记载，如《史记五帝本纪》中关于白熊的记载、《魏略辑本》中关于白麋的记载，还有西湖边《白蛇传》的优美故事，都极为人们所喜爱。就连清朝宫廷画家、意大利人郎世宁还依据宫中所藏的贡品，在他的画作中常常出现那些白色动物的身影。

而在神农架的土家人心里，更以神圣的白虎为图腾。《后汉书·巴郡南郡蛮》有记“廪君死，魂魄世为白虎，巴氏以虎饮人血，遂以人祠焉”；唐朝的《蛮书》记有“巴氏祭其祖，击鼓而歌，白虎之后也”。

有一个故事说的是很早以前，在武落钟离山，也就是清江添淌过三峡之后的一座奇山之上，突然山岩崩塌，现出了两个石坑，一坑红如朱砂，叫作赤穴；一坑黑如生漆，叫作黑穴。一个男人从赤穴中跳了出来，名叫巴务相，又有另外四姓从黑穴中跳出来，大家争做首领。祭司说谁能把矛扎在坑壁上的，就做廪君，结果只有巴务相一下子把矛扎进了坑壁上的岩石中，动也不动，矛上还能再挂一把剑。接着，祭司又让他们用土做船，在船身上雕刻绘画，看谁做的船能浮在水面上，最后唯有巴务相的船能浮游前行。

众人心服口服，诚推巴务相为首领，称他为廪君。后来部落人口逐渐增加，地少人多，

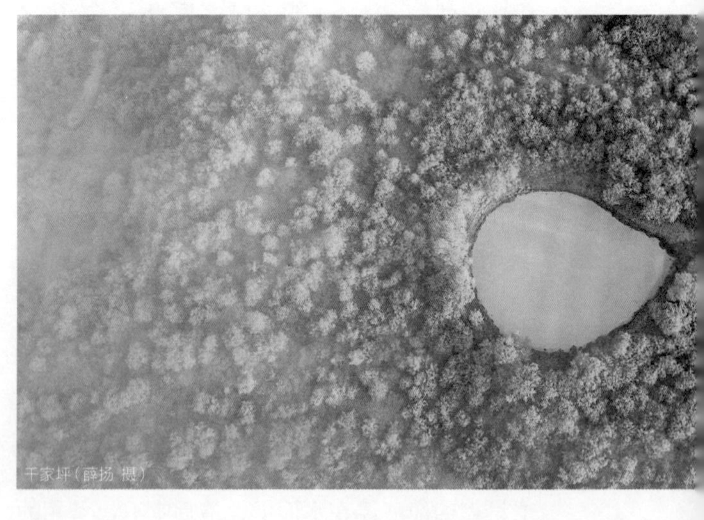
千家坪（薛扬 摄）

廪君决定带领部族向外迁徙，去寻找更加广阔富饶的土地。他们乘上雕花木船，沿着夷水先是向东，继而又辗转往北，不想与盐水部落女神相遇。盐阳山川富饶，盛产鱼和盐，美丽的盐水女神对年轻英俊的廪君心生爱慕，请廪君留居此地，希望俩人永远生活在一起。但廪君为了部落将来能有更大的繁荣，最终舍弃了自己的温柔之乡，毅然带领部落继续披荆斩棘，后来于夷城一带建立了声威显赫的“巴子国”。

廪君死后化作了白虎，后代加以奉祀，白虎从此成为土家人的图腾。这个故事说来有英雄的壮烈，也有情人的忧伤。人们总会对美丽多情的盐水女神生出许多怜惜，土家人尊称她为“德济娘娘”。

爱一个人没有错，但不是所有的真情都能得到及时的回报，也许需要更长时间，也许需要一生。女神以自己的牺牲成就了廪君，廪君日后站在巴国城墙上，在人们敲着震耳欲聋的虎钮醇于（巴人的军乐器）欢庆胜利之时，他的心里多少有欢欣也有悲凉，女神对他的爱恋，他怎么能忘?

他终究化为白虎，回到曾经的盐阳清江，徘徊在女神为他献茶的风雨桥头，将一腔英雄泪化作一声声嘶吼，想唤回那女子的魂魄。继而跃上山顶，永久地凝视着山下的盐水。之后的人们只要经过此地，就能远远看见那雄踞山头、躬腰低首的白虎。

那些神农架的白色生灵，或许是因廪君白虎的召唤而来?

天地万千变化，但科学用另一种语言，证实着大自然的变与不变。1983年，出席国际地质大会的法国、英国、联邦德国、加拿大、澳大利亚、苏联和中国的23位学者对神农架地质进行了考察，认为此地完好地保存着前寒武纪的地质结构。

神农架的大龙潭周围，愉快地生活着伴随人类从远古走来的金丝猴群。目前全世界的金丝猴已所存不多，但神农架的猴儿有增无减，与善待它们的人类相处甚欢。这些聪明的猴子善解人意，当并无恶意的人走近时，它们会毫无戒备，成群结伙地或蹲或跳，喂猴人站在它们中间，一把把抛撒玉米，猴儿们也不争抢，而是绅士般地捡起来不慌不忙地塞进嘴里。身材高大的猴王面目威严又颇为自得地蹲在高处，小猴儿在母猴身上拱着吃奶，一些调皮的猴子在树上嗖嗖地跳来跳去，好一片太平景象。

那天我们来到大龙潭，经过猴群时，一只皮毛光滑的大猴突然就跳到了散文家丹增身边的木栏上，按住了他的肩膀。丹增曾在西藏和云南工作多年，对动物和植物都自有一番理解，他马上笑着说："你好哇！"猴点头，似已会意。丹增再开口，用了藏语，我们听不懂，猴却听得入神。我走过去为他们拍照，猴也不怯生，只是与丹增对视着，像是有万语千言。好一阵，猴都将手搭在丹增肩上，不愿意放下。人们催促再三，丹增对猴儿说："我走了，有机会再来看你。"猴嚅动着嘴唇，再次点头。

丹增与大家走出老远，那猴还动也不动地蹲在原处相望。人们无不称奇。

而后，在与当地朋友座谈时，丹增感慨道：“那猴子或许是我的祖先，又或许是我前世的恋人。”语惊四座，却是话出有因。在藏文史书《西藏王统记》中，有一段“猕猴变人”的传说记载（相传普陀山上的观世音菩萨命其猕猴徒弟，由南海到雪域的西藏来修行，为了渡化西藏，猕猴与当地的女子结合，生下六只小猴，小猴长大后，又生下了五百只小猴。如此愈生愈多，眼看树林间的果子也渐渐稀少，观世音菩萨便命老猴到须弥山中取来天生五谷种子，撒向西藏大地，这才长出了各种谷物。猴子改吃五谷，尾巴渐渐缩短，逐渐进化成人形，这便是藏族的祖先）。

在西藏有一处名为“泽当”的地方，“泽当”在藏语里即是“猴子玩耍之地”，就在泽当

金丝猴（薛扬 摄）

东方的贡布山上，传说还留有当年猴子们栖息的“猴子洞”，而离泽当不远的撒拉林，正是传说中的老猴在那里撒过谷，有“藏族第一块田地”之称的地方，至今每逢春耕时节，藏人们仍要到这里抓一把“神土”，以保佑丰收。

金丝猴与丹增的亲密相处，增添了大家对猴儿们的珍惜怜爱，也增添了对那些曾精心呵护猴儿的神农架人的敬意。从一些老照片里，我们看到一位工程师身背一只金丝猴，那猴儿趴着的样子就像一个撒娇的孩儿；还有一位中学校长拿着奶瓶给小金丝猴喂奶，他盯着猴儿的目光慈祥得就像一位老爸爸。

我们为神农架的猴群庆幸。那些珍贵的猴群在神农架的山林里逐渐增多，且自由自在，温饱无忧，从过去的800多只增加到现在的1300

多只。

相比之下，世界上还有不少动物因为人类的滥捕乱猎而濒临灭绝，21世纪的生态问题日渐严重，早已到了刻不容缓的地步。在我们那年秋季来到神农架的日程里，一个重要的话题就是建立“全国多民族作家生态写作营”，朋友们从美国作家梭罗的《瓦尔登湖》说到神农架，在这片净土之上，我们有更多的理由呼唤人类对植物、动物及生物多样性的保护，呼唤人类对天空河流山川的敬畏，对生态的了解、研究和书写。

记得当我回到京城，准备写下神农架记的时候，北京正面临着那个冬季最为严重的雾霾。我整整一天没有出门，我庆幸通过手中的笔，让自己又回到了空气无比清新的神农架，并在阳光下，看到那些快乐的猴儿，与它们共舞。

扇脉（薛扬 摄）

神农架保存了北半球完好的常绿落叶阔叶混交林，有几百种鸟儿栖息于此，其中多为珍稀鸟类，国家重点保护鸟类达68种，中国特有鸟类14种，如白冠长尾雉、银脸长尾山雀等。而在人们不断悉心观察中，近年又陆续发现有新的鸟种出现在神农架的天空。截至目前，神农架野生鸟类记录已增至438种。

据神农架国家公园专家介绍，神农架恰好地处全球三大鸟类迁徙区之"亚洲—大洋洲区"，是世界鸟类迁徙路线的重要地点之一，亦是中国三大鸟类迁徙通道中线上关键的停歇点，有百余种候鸟在此过境、停栖，给每年秋日的神农架带来无穷浪漫，天空和斑斓的山野里添了许多灵动活泼的生命气息。

鸟儿们是大自然直观的"生态晴雨表"，作

为生态平衡链的重要一环，其数量和品种的丰富程度，是一个地方生态环境好坏的直接体现，鸟儿因此也可以称作生态环境的检验者。众多可爱的野生鸟类聪明地选择在神农架停歇，毫无疑问应是此地生态优质的标志。

喜爱观鸟的人说，以前“鸟友”们要看黄额鸦雀，得去四川的瓦屋山；想看白眶鸦雀，要去甘肃的莲花山，但近年来，人们在神农架太子垭周边和木鱼镇红花村附近也发现了这两种鸟，让“鸟友”们喜出望外。同时，还看到了灰背燕尾、白额燕尾和小燕尾等三种“燕尾”也出现在了神农架。这些“燕尾”常单独或者成对栖息于山涧溪流与河谷沿岸，尤其喜欢盘旋于飞溅的小瀑布周围，显然，神农架毫无污染的清泉水及湍急且有落差的溪流吸引了敏感的鸟儿。

这该是神农架的欣喜，还是那些被舍弃之地的悲哀？或许，并非原来栖息地生态恶化，而只是因鸟儿有了更为广阔和多样的选择。它们不辞万里，向美向善，但愿天下多有它们的栖息之地。

人类，在满足自己欲望的同时，再也不能使得鸟惊鱼溃，让同一世界的生灵奔突无路，失去家园和归宿。倘若不能两全其美，人类则应当清醒地克制自己，为地球上其他生物腾让出必要的空间和机遇。如若不然，万千生物消亡之际，也将是人类走向末路之时。

“万壑树参天，千山响杜鹃。”唐代王维的诗句所幸恰是今日神农架的写照。

神农架燕子垭有一个燕子洞，深长的洞里就栖息着几千只短嘴金丝燕。这燕儿身型修长，成群结队，在那洞口飞进飞出，犹如一片黑色的

神农顶日落云海（薛扬 摄）

瀑布。金丝燕本是生活在大海边的候鸟，从前每到夏季才会飞到神农架来，但不知从什么时候开始，有些个体不再返回大海，它们选择了一年四季都在神农架的天空飞翔，在洞穴里栖息；山林里的金针虫、蝼蛄、行军虫、步行虫和天牛幼虫等是它们享用不尽的美食。

这些原本南飞北迁的候鸟成了地地道道的神农金丝燕。

那燕子洞内冬暖夏凉，并且还有清泉涌动，流水淙淙，洞壁则又干燥洁爽，燕儿们在石壁上筑起了一个个窝巢，就如人类精心规划的城市建筑，疏密有致，秩序井然。

燕儿们爱这神农架，也爱自己辛勤建造的家。

倘若人们从燕子垭西北面的石阶桥亭上回首

观望燕子洞口，便时常可以看到那盘旋飞舞的燕群。它们英姿勃勃地迎着太阳，扑扇着的羽翼仿佛也闪着金光，在飞翔中勾画出一条条长长的金线，把山崖之上的天空勾勒成万般美妙的图景。

细听去，它们的鸣叫时而呢喃婉转、时而高亢嘹亮，既是群体彼此融汇的合唱，也是个性舒展的独奏。这些灵性的鸟儿是在以不同的啼鸣试图与人类通话。

2018年5月1日，《神农架国家公园保护条例》正式实施，国家公园范围内禁止一切狩猎捕捞活动，就连揭草皮、捡鸟蛋也被毫不含糊地禁止。至此神农架生态保护步入法制化轨道。

人们发现，实行最严格的生态保护之后，生存于大自然的野生动物一定都有所感应，对人类的恐惧和敌意相对减弱，在它们遭遇灾难和麻烦之时，不由自主地顺应和接受人们的帮助。在神农架国家公园辖区的居民们就曾先后多次救助过金雕、猫头鹰、松鸦、梅花鹿、池鹭、松雀鹰等野生动物，在替它们治疗治愈之后，又放归森林。

松鸦开始歌唱了。在稠密的灌木丛林间、大树枝丫间筑巢的松鸦，不仅擅唱自己的歌，还会学唱其他鸟儿的歌。它们一开口，森林里就仿佛汇聚了各种鸟儿。而真正的合唱更加激动人心，从清晨到夜晚，红尾鸲、靛颏鸟、云雀、黄鹂……轮番上场，在这座属于它们的大森林里，以主人的姿态放开了嗓子，颂唱一曲曲心爱的歌儿。恰似宋代诗人欧阳修曾吟道："百啭千声随意移，山花红紫树高低。始知锁向金笼听，不及林间自在啼。"

鸟儿们向往在神农架山林中自在鸣啼。

六　　辑

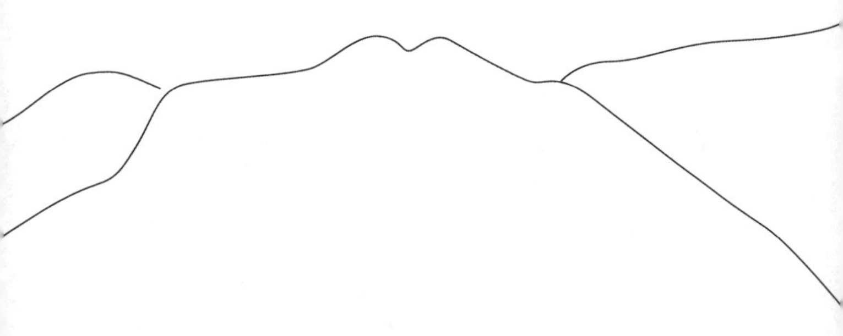

木鱼镇 / 幽径人踪 / 梆鼓及民谣 / 越过春夏秋冬

耐人寻味的是，神农架至今仍有大片人迹罕至的原始森林，但这片山地又从未与人间完全相绝，从远古的神农架梯，到今天的神农小镇和乡村，人与自然相互依存，在漫长的岁月里磨合，共享悲欢。

如今去往神农架，交通十分便利，可以乘车或飞机，还可以乘坐游船。当年美女王昭君从她的家乡香溪河去到京城长安，从春走到了夏，回眸一望，桃花水已成满溪清荷，而眼下的千里之遥却只在几个小时之间。

神农架，那一座座令人惊叹的天梯已化作了通途。

风驰电掣，过去翻山越岭需大半天，如今只是一眨眼。从宜昌进山的高速路穿过一个又一个幽长的隧道，车灯映着洞壁上的蓝底白字：

3500米、2800米……巍峨的神农顶上建有信号接收塔，穿红披绿的游客们用手机拍着美景，瞬间就把图片发至朋友圈，苍茫的大山与世界的联系只在分秒之间。

神农架人居最为密集的地方是木鱼镇，以及周边的乡村。

小镇的整个地形看似一条鱼的形状，更因传说而得名。

从前，山外财主家有一个美丽的女儿准备出嫁，财主找来一位巧手木匠为女儿做嫁妆，没想到女儿竟与手艺高强的小木匠一见钟情。俩人相好的事被财主知晓，他勃然大怒，恨不得给小木匠一顿乱棍，小姐便决定与小木匠私奔。他们好不容易翻过重重大山，来到一条水流湍急的河边，不料身后追兵赶来了。眼看就要双双被擒，

扇脉杓兰(薛扬 摄)

小木匠三下两下将路旁一根树干削成了一条木鱼，他朝河里一扔，立刻变成一条活蹦乱跳的大鱼。小木匠拉着小姐跳上鱼背，随着波涛去到了对岸，财主家的追兵眼睁睁地看着汹涌的河水，一时也过不去，只有无可奈何。两个相爱的人终于在山清水秀的河畔结为夫妻，过上了自在的日子。

那河畔从此有了人烟，渐渐地人家多了起来，后来被叫作了木鱼镇。

木鱼镇而今已成为神农架的中心小镇，具有浓郁大巴山民俗风情的小街上店铺林立，售卖有机茶、药材、蜂蜜、香菇、木耳等山货，还有根雕、木刻、编织这些吸引外乡人的手制工艺。最热闹的当属那一家家风味十足的小饭馆，花不多的钱就能吃到一顿地道的山乡饭菜，全是未经污染的绿色食材，十有八九让食客们叫好。

几乎所有来过神农架的人，都会有夜宿木鱼镇的美好记忆。

20世纪末，人们在木鱼镇不远的地方建起了神农坛，以纪念中华民族的始祖。神农坛依山而建，分天、地二坛，耸立着炎帝神农巨型牛首人身雕像，还辟有可容数千人之众的广场，可谓接天地之气。广场上的五彩石分别代表水、木、金、火、土五行，形似华表的图腾柱后立有两幅大型浮雕，展现了神农氏一生的丰功伟绩。祭坛上摆放着青铜铸就的祭器九鼎八簋，香炉、香案、金钟和法鼓，一派庄严。

从地坛到天坛243个台阶，分为五级，第一级为9步，称“明九”，其余四级也皆是九的倍数，称“暗九”。这步步登高的台阶寓意神农炎帝的

大九湖晨雾（薛扬 摄）

“九五至尊”，表达了人们对神农的深深崇敬。

抬头仰望，只见双目微闭、威武古朴的神农雕像拔地而起，头顶蓝天，肩披彩云，在这苍翠的群山环抱中得以永生。雕像高21米，宽35米，相加为56米，象征中华56个民族欣欣向荣，子孙繁衍兴旺之意。神农祭坛如今已成为海内外炎黄子孙瞻仰祭祖的向往之地。

人于神农架，自远古以来便没断过踪迹。

在老君山的北麓，经过亿万年水流侵蚀，石壁洞穿，泉水自洞孔内奔涌而下，那怀揣水流的山岩形似弯弯的石桥，故而取名“天生桥”。那里的风景洞奇、桥奇、瀑也奇。

正所谓“笔峰挺立透空霄，曲涧深沉通地户”，百丈飞瀑自峭壁似银河般泻入深潭，形成两汪清澈见底的潭水，潭底奇石古怪蹊跷，鱼儿来回穿梭，令人赞不绝口，名曰天潭、地潭。

天生桥相偎的山岩，因遍生兰草而又名为兰花山。神农架果真是园林之母，仅兰科植物就达60多种，多以蕙兰、春兰居多，花色淡雅，清香扑鼻，恰如宋人陈襄的诗句“仙鼠潭边兰草齐，露牙吸尽香龙脂。”

花香必引鸟语。天生桥一带的芬芳引来一

群群吉祥的鸟儿，有太阳鸟、杜鹃、喜鹊，还有那相思鸟，又叫一个好听的名字“我哥回”。号称“森林医生”的啄木鸟更是在此飞来飞去，巡回不停。人们说，那鸟儿每天可啄食害虫百余只，保护森林30多亩，神农架多年没发生过森林病虫害，啄木鸟也是功臣之一。

来到天生桥的人稍加细心便会注意到，这里的好些树上都挂着一个个竹筒，再走近一看，竹筒内盛放着金黄的玉米糁，原来那是爱鸟的神农架人专为鸟儿们安置的食物，或许可算是鸟儿在密林中正餐之后的一道点心。不管需要与否，都是人们的心意。

再说那老君山发源的九冲河，则在一路跌撞之后注入香溪，它全部流长虽只有20多公里，但因海拔高低悬殊，竟然形成了几十处大

秋冬交替燕子垭（薛扬 摄）

小瀑布，显得这河少年英姿，天真无畏。

这河名的由来也是一腔豪气。

据说，从前大巴山的绿林好汉不甘受压迫揭竿而起，在这老君山下的河畔筑起寨堡，四处杀富济贫，最后引来官兵的围剿。这里山势陡峭，官兵发起了九次冲锋，才将寨子攻破。人们忘不了那些曾驻扎于河畔的好汉，故而将这条河叫作了九冲河。

明末，闯王李自成之侄李锦的义子李来亨也曾率部至九冲河一带凭险据守，与清军进行血战，后被迫撤进神农架深山，现在的“渡饥沟”“青天袍”便是由那段往事留下的地名。

九冲河东岸还有一座孤峻陡崖的五指山，恰如巨掌插入云霄。若上得山去，可见形似大拇指的山上古树参天，老藤缠绕，自是一片古来风景；明朝时，这最高峰巅上曾建有一庙，名曰“凌云寺”，清代诗人高廷榜曾以诗赞曰：“五峰突兀翠相连，巨手撑开界大千。每向掌中飞日月，却从腕底走云烟。仙人凌汉常联袂，玉女拈花笑拍肩。野鹤欲招招不得，崚嶒空有碧摩天。”

五指山遥遥相对的庙岭，形似刀刃，古时在那悬崖之上也建有一座天观庙，此山故称为庙岭。山崖凹处，至今仍保存着三幅摩崖石刻佛像，身着带袖天衣，袒胸露腹，端坐于莲花宝座之上。

神农架这片神秘大山里的摩崖石佛，还有建于峭壁之上的天观庙，处处可见古人在这深山幽林里的创造和心迹。

梆鼓及民谣

作为“华中屋脊”，拱围着神农架这片高地的文化丰富多彩，西有秦汉文化，东有楚文化，北有商文化，南有巴蜀文化，同时富有长江三峡的文化特征，集纳天地人和，既为天地山川之精华，又为东西南北之融汇。

请再读一读《天问》：

何所冬暖？何所夏寒？

焉有石林？何兽能言？

焉有虬龙，负熊以游？

雄虺九首，儵忽焉在？

何所不死？长人何守？

什么地方冬日常暖？什么地方夏日寒凉？什么地方有岩石成林？什么野兽能把话讲？哪有着无角虬龙，背着熊罴游乐从容？雄的虺蛇九个头颅，来去迅捷生在何处？不死之国哪里可找？

长寿之人持何神术？屈原所问的这一切，恰恰都出现在神农架。

宋代理学家朱熹对一个地方的由衷赞誉，会说“地气尽垂于此矣”！神农架亦当是如此。

而早在公元前11世纪的西周时期，三峡一带就流行民歌，战国诗人宋玉有一篇《对楚王问》，其中道：“客有歌于郢中者，其始曰‘下里巴人’，国中属而和者数千人”。古书记载，武王伐纣时，巴人军队一边战斗一边歌舞，这种表演形式到南北朝隋唐时就演变成为“竹枝词”。三峡一带还流行“田歌”“山歌”“号子”等，神农架梆鼓和民间歌谣也是其中流传广泛的民间话语，充盈着饱满的民间气息。

这“地气”不仅在于长江三峡、包含神农架这一带宏伟奇妙的大自然，也在于极为丰厚的地域文化。诗仙李白曾多次游览三峡，写下了“桃花飞绿水，三月下瞿塘”“两岸猿声啼不住，轻舟已过万重山”等绝世佳句。诗圣杜甫更是在三峡山乡里居住多时，传留后世的诗437首中，有三分之一写于这一带。还有白居易、苏东坡、陆游、刘禹锡等留下了无数描写三峡的诗篇。

记得2015年深秋，由中国少数民族作家学会、中国散文学会主办的“大美神农架生态写作营”活动在神农架举行，中国文联副主席、中国作家协会少数民族文学委员会主任丹增，中国散文学会会长王巨才带领一行作家参加了这次活动，我们走访神农架，并围绕人与自然、生态环保以及神农文化的构建等话题进行了研讨。

一日入夜，我们来到大九湖不远一所民

天门垭（薛扬 摄）

居旁，那里搭起了戏台，先是一家网络公司与神农旅游集团宣布共建平台的消息，一位西装革履的年轻人上台描述了此番事业的前景，然后由当地的农民演出队开始表演。演出的节目有流行鄂西一带的山歌《妹妹你来看我》、皮影子戏《穆柯寨》、堂戏《七仙女和董永》，最为隆重的是神农架的梆鼓。

四个穿着白底黄边对襟褂子、包着头帕的中年男子走上台来，一边敲起手中的锣鼓，一边唱道："锣儿本是黄铜打，暗合太阴与太阳，锣槌一个鼓槌一双，让我四人进歌场。"接下来便唱大书《黑暗传》中的片段，只听："神农出世生得丑，头上长角牛首形，父母一见心不喜，把他丢在深山里，山中遇着一白虎，衔着神农回家门。"

一行人坐在露天的长板凳上，听着有板有眼的梆鼓子，不觉夜色已浓，寒气上升。外乡人并不太懂台上的唱词，但也都坐得稳稳的，显然是浓郁的民间气息让他们如鱼得水。而我却能听懂三峡这一带的乡音，让我解得唱词的好些妙处。梆鼓唱到白虎救了神农，便是一件让人惊叹的大事。

一轮明月渐渐升起，斜挂在这所民居旁的树梢上，房顶已有些破烂，一蓬野草冒出房檐，但屋后的天边，那冉冉升起的月亮，将这幢茅屋勾勒如一幅奇美的古画，让人不禁想起明代著名画家沈周的一些传世之作，如《夜坐图轴》，画的正是松林之下一茅舍，于奇峭山色、小桥流水之间。那古画的清雅天然，恰似这眼前的情景。

茅舍旁却是这户人家修的新楼，头上裹着

帕子的主妇倚在门前听戏多时，后来我随她走进屋去，只见屋里火塘烧得正旺，土墙上挂着一排腊肉，吊锅里热汽腾腾。她招呼我们坐下，问喝不喝茶？神农架的人都是见客进门就要筛茶的。于是跟她聊起来，问她为什么不住新屋，她说让给儿子一家住了，她觉得还是旧屋好，旧屋里有许多过去的念想。

话说着，门外的戏台上一阵锣鼓铿锵，不由跟了出去，一抬头，屋顶上的月亮已升得更高了。月亮周围浮动着棉花般的云朵，湛蓝的夜空，云朵那细密的绒毛也竟然是一清二楚，仿佛一伸手，就可将那朵云摘了下来。

在神农架，果然天地与人近了好多啊！

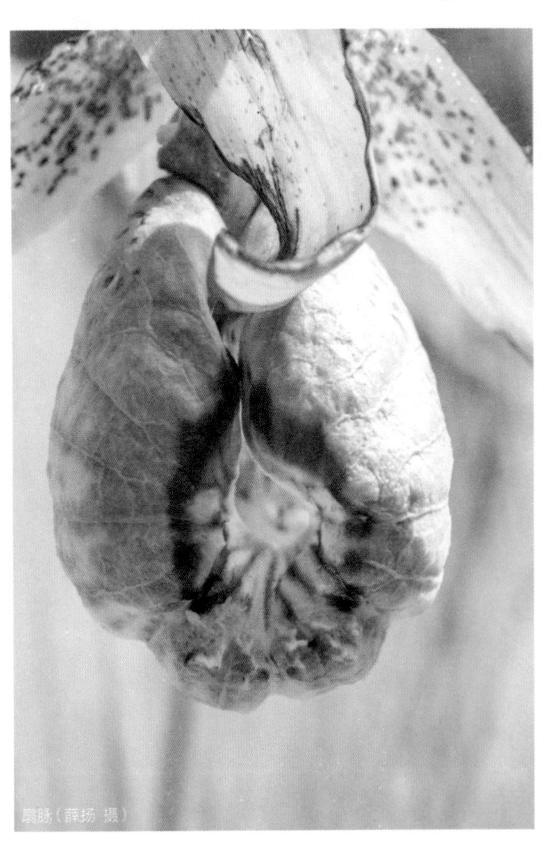
扇脉（薛扬 摄）

“大自然的每一个领域都是美妙绝伦的。”古希腊的哲学大师亚里士多德的这句话用来描述神农架，恰如其分。

神农架的每一个地方都是美妙绝伦的，它群山巍峨、古木参天，沟谷纵横、水流飞溅，那三瀑、四桥、五潭、六洞、七塔、八寨、三十六峰，鬼斧神凿、天工巧成，处处皆为天下奇观。

神农架的每一个季节也都是美妙绝伦的，若是在这里走过春夏秋冬，将会领略到其中的魅力。

春天来到神农架，可以清晰地感觉到度过严寒之后的万物复苏，并不像平原那样迅猛，春的脚步在这“华中屋脊”的高地上是轻轻地，仿佛经过深思熟虑的，她似乎一直是在含蓄地向即将离去的冬天牵手致意，将一些时间和空间暂留

杜鹃花结冰（薛扬 摄）

给冬的怀抱，只是让小草发青，树叶返绿。但冬天终究还是远去，善良的春天一下子撒开了她宽大的裙裾，几乎是在一夜之间，早就忍耐不住的杜鹃花、迎春花就竞相开放了。

人们会惊讶地发现，不知从哪一刻起，满山遍野都是那怒放的花朵，在山顶上，在山坳里，甚至在岩石的夹缝之间，都开遍了紫红、粉红、深红的杜鹃花，或大或小，一簇簇一片片，开得无拘无束，随性烂漫。同时令人惊诧的还有那金黄的、耀眼的迎春花，热烈地在那山林的大树旁、洞穴口，甚至在明晃晃的绝壁上，不避风雨，毫无羞涩，就是那样明亮的颜色，坦坦荡荡的。总之，那一幅幅生动无比的万紫千红，立刻会让人的心扉一下子舒展开来，就跟那些花儿一样，快乐地绽放，敞亮开去。

春让神农架的动物们也纷纷从冬季的困厄中活跃起来，灵巧的小山麂、野兔子开始在草甸上奔跑，在山岩上纵跃，偶尔还有毛色斑斓的金钱豹一掠而过，生命的力量以各种优美的姿势争先恐后地在山野里呈现。这时，不可忽略那些小小的昆虫，如果留心，会发现大头蚁、虎甲虫、象鼻虫、姬蜂……它们也都开始在寻觅的路径上忙忙碌碌。无论茂密的树枝和叶片，还是根茎密布的泥土，显然都值得一一辛苦探求。它们需要打点吃食，养儿育女，经营家园。

每一种动物都有自己独立的王国，所有生长的希望再次从春天起步。一眨眼，夏天就来了。

夏的脚步总是快捷的，它像一个青春的少年，大手大脚地伸展着，为天空和大地涂抹更加浓烈又似乎更加纯净的颜色。所以天空碧蓝，山地翠绿，河流如白练，就连飘浮在山间的云朵，也是那种在银河里淘洗过的干干净净的雪白，蓬松着，膨胀着，蕴含着青春的纯洁，以及迅速生成的张力。不仅是云，神农架的万物在这个季节都是如此快速地变化着，不加迟疑地拔节，茁壮，变得更高、更大、更强，无论是树和小草，还是春天初生的野兽、鸟儿和昆虫。

若是再登高些，来至神农顶上看云，便更是一番回肠荡气。

夏日的神农架云海无边无际，但却在蓝天之下，能让人看清每一道云的波涛起伏，它们不显狂躁，像是涵容了所有的遇见，远近疏密，都在若有若无的布列之间，即使伴随暴风雨的来临而排山倒海，气壮山河，也只是格外的大气魄，却毫不喧嚣。大片的云朵随风来去，也随着大树的招摇而停留，缠绵但并不揪扯，来则来，散则散，归去来兮。至于浮动在蓝天的白云，虽然高高在上，但从来没有忘记大地的光景，于是它一会儿像长啸的白虎，一会儿像敏捷的云豹，更多的时候只是慵懒地一动不动，你端详云，云则端详着你。

于是在神农架，你会再一次觉得天空和云朵离人这么近，这么清爽，可以彼此凝视并且对话，你心中的所思所想，它们似乎都能懂得，接下来，相互的目光便胜过万语千言。

这夏日的少年渐渐成熟起来，脚步变得沉稳，神情也变得内敛，将多日的修炼沉到了心底，这时候，就该是盛装的秋天到了。

那是上天给神农架最美的装扮，几乎将所

有的颜色，所有的果实都毫不吝惜地赐予了这片大地。黄栌树、枫树的叶子从低处向高处，渐次红去，果然是层林尽染，每一道山崖、每一株树都红得各有自我，有的凝重浓烈，有的淡雅透明，映着这秋日里每到黄昏就会浓墨重彩的晚霞，轰轰烈烈。而这个季节，执着的绿色与金黄、紫红交织在一起，在山野里抹染出深绿、嫩绿、淡青、黛青，放眼看去，是一幅画，远远近近的，又似一首诗。

一阵阵秋风吹过，本来这神农架的夏日也是清凉的，这时的秋风就不仅有些凉，更带有一丝让人为之一振的寒爽。但你会十分乐意听任这样的风吹过身旁，风里夹杂着果实的芳香，让人闻来不饮自醉。酸甜的五味子、八月瓜、野生核桃、板栗、猕猴桃……秋天山野里的果实熟透了，满山遍野都是，可以任人品尝，但显然更多应该留给山林间的动物们，它们也忙着准备过冬的食物，人便不会去争抢。

冬天的神农架是安静的、绝美的冰雪世界。

我有幸也曾在冬季来到神农架。从险峻山路上走过的汽车轮子都会绑上粗粗的防滑链，坐在车上，可听见车轮缓缓压过冰雪的“碴碴”声，道路显得矜重漫长。车开得很慢，可以透过车窗清晰地看见远处蜿蜒起伏的山峦，已由秋色烂漫化作白茫茫一片；近处的公路两旁挂满晶莹冰凌的树木，像极了一个个披着盔甲的武士，密不透风地挺立在白雪之中。

银装素裹的神农架，越发苍茫庄严。

大地寂静无声，美丽的雪花一阵阵飘落，纷纷扬扬，那是每到冬季，苍天带给大地的书信。天地之间常有消息来往，从天而降的每一滴雨珠、每一颗冰雹或是每一片雪花，无疑都是浩渺天宇的某种表达。而大地升腾的气韵，人类盼望上天得知的心愿，很早便尝试用鹤笛、木鼓、歌颂发出声音，或者点燃一根根香烛，让那袅袅香气飘然上升，将人与大地的消息传递到遥远的天际。此刻，神农架的山川静静的，就连平日叮咚不止的清泉，呼啸而下的瀑布也都封冻了，只是默默地亲吻着飞舞而来的雪花，在它即将融化的那一刻，紧紧地拥抱在一起。

那么，天地之间当有神农永远屹立于此，从前他搭起的一架架天梯，将天地紧紧相连，无论春夏秋冬，四时轮回。

此时遥看云端之中时隐时现的神农顶，我

满心敬畏，驻足叩拜，那远古的华夏祖先，大地丰盈的庇护之神，在这大巴山麓，长江三峡之畔与上天共同造化了这片宝贵的净土：华中屋脊上的茫茫原始森林，珍稀植物同在的百草园、动物欢腾的自由天堂，河流清澈奔涌、南水北调的中线之源，人与自然的和谐之地。

大事记

2016 年

7 月，神农架被联合国教科文组织**列入世界自然遗产名录**，成为中国第 50 个世界遗产项目。

2016 年

5 月 14 日，国家发展改革委**批复**《神农架国家公园体制试点区试点实施方案》。

2016 年

11 月 17 日，神农架国家公园管理局**挂牌成立**。

2017 年

7 月 7 日，湖北省政府**批复**《神农架国家公园总体规划》。

附录

试点区位于湖北省西部，是长江与汉水在湖北境内的分水岭，是南水北调中线工程重要的水源涵养区，是三峡库区最大的天然绿色屏障。

神农架是全球性具有代表性的生物多样性王国，具有以神农架川金丝猴为代表的丰富的古老、珍稀、特有物种，具有北半球保存最为完好的常绿落叶阔叶混交林，具有北亚热带山地完整的植被垂直带谱，具有亚高山珍稀的泥炭藓湿地，具有古老的地质遗迹与动植物化石群，还具有亚洲少见的山地文化圈——鄂西原生态文化群落带。

神农架山脉位于我国地貌的第二级台阶到第三级台阶的过渡地带，自然生境复杂多变，孕育着丰富的生物多样性。该区域是东西南北植被分布的过渡地带，也是各个地区植物区系荟萃之地。有国家重点保护野生植物25种，其中一级保护植物5种，二级保护植物20种。有国家一级保护野生动物8种，国家二级保护野生动物76种。特别是该区域具有旗舰保护物种神农架川金丝猴种群，目前有约1200余只。神农架川金丝猴是川金丝猴分布最东端的孤立种群，是湖北亚种目前的唯一现存分布地，是神农架生态系统的生

泥炭藓湿地生态系统

态演替与物质循环过程中不可或缺的物种，起着群落结构调控的关键作用。神农架生物物种的丰富性与特有性具有全球意义。

神农架国家公园在大九湖发育出较大面积亚高山泥炭藓沼泽。这片沼泽地是在特殊水文条件与气候条件下形成的，其植被以草甸植物和沼泽植物为主，在地势较高及排水通畅的地区为杂草类草甸，常发育凸起的泥炭藓藓丘，呈现绝美的湿地草甸的自然景观。其积累的泥炭厚度达到3米以上，是神农架近3万年来气候变迁的“自然样本”，具有重要的科研价值与保护意义。

奇山秀峰，如：神农顶，大、小神农架，老君山和金猴岭构成了神农架神奇和俊秀的主体；峡谷峭壁，如：阴峪河峡谷、落洋河峡谷、九冲河峡谷；岩溶洞穴，如：天生桥、板壁岩石林、猴子石石林，大九湖落水孔等；洞穴主要有彩旗的冷热洞等。

风景河段：如石槽河、九冲河、众多的瀑布等；湖泊和水库景观资源：如坪堑水库、大九湖等。

丰富的动植物种类；原始森林景观和植被带谱；古老孑遗植物和珍稀植物；特殊动物景观：金丝猴群体与“白化动物”。

绮丽壮观的云雾景观；金辉日出；神秘的佛光；云海霞光；冬季雪景。

神农架历史悠久，其区域文化特色被视为

亚洲少见的山地文化圈—鄂西原生态文化群落带。独具特色的盐商文化与古盐道。试点区是古盐道的必经之路，神农架古盐道被称为“南方丝绸之路”，是川盐流向中原的主要通道；古老的传说。一直流传的中华民族先祖—神农氏尝百草采药、开拓中华农业文明的传说，汉民族神话史诗《黑暗传》等非物质文化遗产。

图书在版编目（CIP）数据

华中秘境：神农架 / 叶梅著. -- 北京：
中国林业出版社, 2021.9

ISBN 978-7-5219-1269-2

Ⅰ. ①华… Ⅱ. ①叶… Ⅲ. ①神农架－地质－国家公园－
介绍 Ⅳ. ①S759.93

中国版本图书馆CIP数据核字(2021)第145760号

责任编辑　张衍辉
装帧设计　刘临川
出版发行　中国林业出版社（100009 北京
　　　　　西城区刘海胡同 7 号）
电　　话　010-83143629

印　　刷　北京博海升彩色印刷有限公司
版　　次　2021 年 9 月第 1 版
印　　次　2021 年 9 月第 1 次
开　　本　787mm × 1092mm　1/32
印　　张　7.25
字　　数　69 千字
定　　价　66.00 元

总序

一

我国于2013年提出“建立国家公园体制”，并于2015年开始设立了三江源、东北虎豹、大熊猫、祁连山、海南热带雨林、武夷山、神农架、香格里拉普达措、钱江源、南山10处国家公园体制试点，涉及青海、吉林、黑龙江、四川、陕西、甘肃、湖北、福建、浙江、湖南、云南、海南12个省，总面积超过22万平方公里。2021年我国将正式设立一批国家公园，中国的国家公园建设事业从此全面浮出历史地表。

国家公园不同于一般意义上的自然保护区，更不是一般的旅游景区，其设立的初心，是要保护自然生态系统的原真性和完整性，同时为与其环境和文化相和谐的精神、科学、教育和游憩活动提供基本依托。作为原初宏大宁静的自然空间，它被国家所“编排和设定”，也只有国家才能对如此大尺度甚至跨行政区的空间进行有效规划与管理。1872年，美国建立了世界上第一个国家公园——黄石国家公园。经过一个多世纪的发展，国家公园独特的组织建制和丰富的科学内涵，被世界高度认可。而自然与文化的结合，也成为国家公园建设与可持续发展的关键。

在自然保护方面，国家公园以保护具有国家代表性的自然生态系统为目标，是自然生态系统最重要、自然景观最独特、自然遗产最精华、生物多样性最富集的部分，保护范围大，生态过程完整，具有全球价值、国家象征，国民认同度高。

与此同时，国家公园也在文化、教育、生态学、美学和科研领域凸显杰出的价值。

在文化的意义上，国家公园与一般性风景保护区、营利性公园有着重大的区别，它是民族优秀文化的弘扬之地，是国家主流价值观的呈现之所，也体现着特有的文化功能。举例而言，英国的高地沼泽景观、日本国立公园保留的古寺庙、澳大利亚保护的作为淘金浪潮遗迹的矿坑国家公园等，很多最初都是传统的自然景观保护区，或是重点物种保护区以及科学生态区，后来因为文化认同、文化景观意义的加深，衍生出游憩、教育、文化等多种功能。

英国1949年颁布《国家公园和乡村土地使用法案》，将具有代表性风景或动植物群落的地区划分为国家公园时，曾有这样的认识："几百年来，英国乡村为我们揭示了天堂可能有的样子……英格兰的乡村不但是地区的珍宝之一，也是我们国家身份的重要组成。"国家公园就像天然的博物馆，展示出最富魅力的英国自然景观和人文特色。在新大陆上，美国和加拿大的国家公园，其文化意义更不待言，在摆脱对欧洲文化之依附、克服立国根基粗劣自卑这一方面，几乎起到了决定性的力量。从某种程度上来说，当地对国家公园的文化需求，甚至超过环境需求——寻求独特的民族身份，是隐含在景观保护后面最原始的推动力。

再者，诸如保护土著文化、支持环境教育与娱乐、保护相关地域重要景观等方面，国家公园都当仁不让地成为自然和文化兼容的科研、教育、娱乐、保护的综合基地。在不算太长的发展历程中，国家公园寻求着适合本国发展的途径和模式，但无论是自然景观为主还是人文景观为主的国家公园均有这样的共同点：唯有自然与文化紧密结合，才能可持续发展。

具体到中国的国家公园体制建设，同样是我国自然与文化遗产资源管理模式的重大改革，事关中国的生态文明建设大局。尽管中国的国家公园起步不久，但相关的文学书写、文化研究、科普出版，也应该同时起步。本丛书是《自然书馆》大系之第一种，作为一个关于中国国家公园的新概念读本，以10个国家公园体制试点为基点，努力挖掘、梳理具有典型性和代表性的相关区域的自然与文化。12位作者用丰富的历史资料、清晰珍贵的图像、深入的思考与探查、各具特点的叙述方式，向读者生动展现了10个中国国家公园的根脉、深境与未来。

二

地理学家段义孚曾敏锐地指出，从本源的意义上来讲，风景或环境的内在，本就是文化的建构。因为风景与环境呈现出人与自然（地理）关系的种种形态，即使再荒远的野地，也是人性深处的映射，沙漠、雨林，甚至天空、狂风暴雨，无不在显示、映现、投射着人的活动和欲望，人的思想与社会关系。比如，人类本性之中，也有“孤独和蔓生的荒野”；人们也经常会用“幽林”“苦寒”“崇山”“惊雷”“幽冥未知”之类结合情感暗示的词汇来描绘自然。

因此，国家公园不仅是“荒野”，也不仅是自然荒野的庇护者，而是一种“赋予了意义的自然”。它的背后，是一种较之自然荒野更宽广、更深沉、更能够回应某些人性深层需求的情感。很多国家公园所处区域的地方性知识体系，也正是基于对自然的理性和深厚情感而生成的，是良性本土文化、民间认知的重要载体。我们据此确立了本丛书的编写原则，那就是：“一个国家公园微观的自然、历史、人文空间，以及对此空间个性化的文学建构与思想感知。”也是在这个意义上，我们鼓励作者的自主方向、个性化发挥，尊重创新特性和创作规律，不求面面俱到和过于刻意规范。

约翰·赖特早在20世纪初期就曾说过，对地缘的认知常常伴随着主体想象的编织，地理的表征受到主体偏好与选择的影响，从而呈现着书写者主观的丰富幻想，即以自然文学的特性而论，那就是既有相应的高度、胸怀和宏大视野，又要目光向下，西方博物学领域的专家学者，笔下也多是动物、植物、农民、牧民、土地、生灵等，是经由探查和吟咏而生成的自然观览文本。

所以，在写作文风上，鉴于国家公园与以往的自然保护区等模式不同，我们倡导一种与此相应的、田野笔记加博物学的研究方式和书写方式，观察、研究与思考国家公园里的野生动物、珍稀植物，在国家公园区域内发生的现实与历史的事件，以及具有地理学、考古学、历史学、民族学、人类学和其他学术价值的一切。

我们在集体讨论中，也明确了应当采取行走笔记的叙述方式，超越闭门造车式的书斋学术，同时也认为，可以用较大的篇幅，去挖掘描绘每个国家公园所在地区的田野、土地、历史、物候、农事、游猎与征战，这些均指向背后美学性的观察与书写主体，加上富有趣味的叙述风格，可使本丛书避免晦涩和粗浅的同类亚学术著作的通病，用不同的艺术手法，从不同方面展示中国国家公园建设的文化生态和景观。

三

我们不追求宏大的叙事风格，而是尽量通过区域的、个案的、具体事件的研究与创作，表达出个性化的感知与思想。法国著名文学批评家布朗肖指出，一位好的写作者，应当“体验深度的生存空间，在文学空间的体验中沉入生存的渊薮之中，展示生存空间的幽深境界”。从某种意义上来说，本书系的写作，已不仅关乎国家公园的写作，更成为一系列地域认知与生命情境的表征。有关国家公园的行走、考察、论述、演绎，因事件、风景、体验、信念、行动所体现的叙述情境，如是等等，都未做过多的限定，以期博采众长、兼收并蓄，使地理空间得以与“诗意栖居”产生更为紧密的关联。

现在，我们把这些弥足珍贵的探索和思考，用丛书出版的形式呈现，是一件有益当今、惠及后世的文化建设工作，也是十分必要和及时的。“国家公园”正在日益成为一门具有知识交叉性、系统性、整体性的学问，目前在国内，相关的著作极少，在研究深度上，在可读性上，基本上处于一个初期阶段，有待进一步拓展和增强。我们进行了一些基础性的工作，也许只能算作是一些小小的“点”，但“面”的工作总是从“点”开始的，因而，这套丛书的出版，某种意义上就具有开拓性。

“自然更像是接近寺庙的一棵孤立别致的树木或是小松柏，而非整个森林，当然更不可能是厚密和生长紊乱的热带丛林。”（段义孚）

我们这一套丛书，是方兴未艾的国家公园建设事业中一丛别致的小小的剪影。比较自信的一点是，在不断校正编写思路的写作过程中，对于国家公园自然与文化景观的书写与再现，不是被动的守恒过程，而是意义的重新生成。因为“历史变化就是系统内固定元素之间逐渐的重新组合和重新排列：没有任何事物消失，它们仅仅由于改变了与其他元素的关系而改变了形状”（特雷·伊格尔顿《二十世纪西方文学理论》）。相信我们的写作，提供了某种美学与视觉期待的模式，将历史与现实的内容变得更加清晰，同时也强化了“国家公园”中某些本真性的因素。

丛书既有每个国家公园的个性，又有着自然写作的共性，每部作品直观、赏心悦目地展示一个国家公园的整体性、多样性和博大精深的形态，各自的风格、要素、源流及精神形态尽在其中。整套丛书合在一起，能初步展示中国国家公园的多重魅力，中国山泽川流的精魂，生灵世界的勃勃生机，可使人在尺幅之间，详览中国国家公园之精要。期待这套丛书能够成为中国国家公园一幅别致的文化地图，同时能在新的起点上，起到特定的文化传播与承前启后的作用。

是为序。

刘东黎

2021 年 6 月

目 录

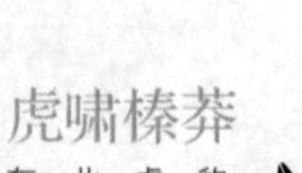
虎啸榛莽
东 北 虎 豹

黑 土 地 上 的 旧 光 影

"商之兴也，自东北来，商之亡也，向东北去。"

傅斯年《东北史纲》

桦屋鱼衣柳做城，
蛟龙鳞动浪花腥，
飞扬应逐海东青。

犹记当年军垒迹，
不知何处梵钟声，
莫将兴废话分明。

——纳兰性德《浣溪沙·小兀喇》

康熙二十一年（1682）二月，纳兰性德随康熙东巡，这是他第一次出关的故乡之旅。随康熙东巡的还有纳兰性德的好友、《红楼梦》作者曹雪芹的祖父曹寅。

他们一路祭白山、巡水师、渡松江、捕鳇鱼……走过柳条边墙，康熙皇帝写了《柳条边望月》，曹寅写了《疏影·柳条边望月》，纳兰性德写了《柳条边》：

处处插篱防绝塞，角端西来画疆界。

汉使今行虎落中，秦城合筑龙荒外。

龙荒虎落两依然，护得当时饮马泉。

若使春风知别苦，不应吹到柳条边。

——纳兰性德《柳条边》

龙荒，泛指东北荒漠地区。虎落，意指柳条边，即植柳如墙，外掘壕堑，以障内外。

吉林在清朝初年叫鸡陵兀喇，鸡陵是满语边、沿之意，兀喇又是满语“江河”之意，连起来就是江边、水边之意。今天的吉林就是当年鸡陵兀喇简化音转来的，原为明末海西女真居住地，位于松花江畔。清朝康熙二十四年（1685），由清圣祖康熙皇帝下令，正式命名为吉林。在吉林及回程路上，纳兰性德写下了篇首的《浣溪沙·小兀喇》。

这首词上阕写的是当时吉林（小兀喇）的风俗民情：住桦皮屋、穿鱼皮衣、筑柳条边，江鱼，江水，追逐猎物的海东青在风中穿梭。蛟龙，指的是松花江里的马哈鱼等大鱼，《盛京通志》载“鲇鱼，混同、黑龙两江出，大者至数十斤或百余斤。取皮制衣，柔韧可服”。下阕表达兴亡感怀和对吉林这个古战场的记忆：驻军营垒的遗迹、古寺的钟声等。

纳兰性德先世为海西女真扈伦四部之叶赫部，居松花江流域，小兀喇一带曾是纳兰家族的领地，而当年清太祖努尔哈赤正是征服海西诸部进而统一所有女真各部的。后来海西诸部相继迁到辽河流域，词中的“军垒迹”便是指海西遗迹。

诗人到此，不能不联想起当年叶赫部被爱新觉罗部族灭的往事，自会有一份挥之不去的伤悼和悲情，“莫将兴废话分明”看似一般的怀古之句，实则是隔世难忘的一道烛光心影。那些血雨腥风的历史章节，兴亡之感，都已经沉寂在他的心里。

多年以后，曹雪芹在《红楼梦》第五十三回“宁国府除夕祭宗祠，荣国府元宵开夜宴”中，也隐晦地提到了祖父曹寅当年东北之行的旧事。

第五十三回描写贾家过年前后的情景，还重点介绍了黑山村的庄头乌进孝领着村民来宁国府交租子送年货的情节，送来的东西实在是丰富之极，可以说集人间之珍禽美味，多得实在是令人瞠目结舌。一纸租单上的内容，如：大鹿、獐子、狍子、熊掌、鹿筋、鹿舌、榛、松等物，都是人所熟知的东北特产。而其中的鲟鳇鱼、家风羊和风鸡，更是东北出产的鲜明特征。汪启淑的《水曹清暇录》中有记：“冬时关东来物，佳味甚多，如野鸭、鲟鳇鱼、风干鹿、野鸡、风羊、哈拉、庆猪、风干兔、哈实蟇，遇善庖手，调其五味，洵可口也”。

“黑山村”“乌进孝”以及贡品种类、路程时间，种种迹象都表明，曹雪芹暗喻的极有可能是吉林的打牲乌拉衙门，专门负责管理“龙兴之地”特产贡品。清史曾有“南有江宁织造，北有打牲乌拉”之说。早有红学专家指出，表面的故事是乌进孝向宁国府交租子，而从背面的故事来看，这是在影射东北某地向皇宫进贡的历史。

历史的恩怨没完没了，往事如梦如烟，但东北鲜活美丽的山河岁月却永在眼前。

1936年，萧红离开上海到日本养病。听着异国的蝉声和木屐声，家乡的山山水水、原野里的一草一木，一层层积淀下来，凝成了一个沉寂的思乡梦：

夜间：这窗外的树声，

听来好像家乡田野上抖动着的高粱，

但，这不是。

这是异国了，

踏踏的木屐声音有时潮水一般了。

这青蓝的天空，

好像家乡六月里广茫的原野，

但，这不是，这是异国了。

——萧红《异国》

萧红小说与诗歌中的景色，封存了祖辈真实生活过且尚未变易的东北。清冷的记忆之光里，东北故乡的自然风光历历如绘。那里既是现实意义上曾经存在的自然世界，也是作家孤绝精神状态的象征性空间，这一广袤而肥沃的土地，是东北诸民族生息繁衍的故乡。

一道长虹悬挂天际，潮湿的气味四处飘散。高粱地头天高云淡，阳光像红色的水晶，像红色的梦。高粱地和小树林静默着，村里各家趁着气候凉爽，各自在田间忙。到了八月里间，人们忙着扒土豆、砍白菜、摘柿子、拔萝卜，收拢庄稼，装到车上拉到城

秋日（东北虎豹国家公园管理局供图）

里去卖。

在远方平原的尽头，高耸入云的花岗岩石峰下，平缓的山坡上，以及宽阔的河谷中都长满茂密的原始森林。那时，这些苍郁的密林还人迹罕至。虽然有兽叫鸟鸣和山中溪水不停地哗哗声，但并不能打破这深沉的寂静。

在萧红的小说中没有时间的线性发展，只有四季轮回，在群山与草原深处，在高粱大豆田陌之间，黑土地收获时节的田野景象有如田园牧歌，洋溢着生机勃勃的生命色泽。那是游子精神和灵魂的最安详处，生生世世都是人生最妥帖的根源。

诗意盎然、蓬勃绚烂的乡土世界里，自然也少不了孤寂和荒凉、寒冷与苦难。在《呼兰河传》的开篇我们就看到，“严冬一封锁了大地的时候，则大地满地裂着口。从南到北，从东到西，几尺长的，一丈长的，还有好几丈长的，它们毫无方向地，便随时随地，只要严冬一到，大地就裂开口了。严寒把大地冻裂了……人的手被冻裂了。从这一村到那一村，因为人家少，从远到近什么也看不见，到处都是一片白，只有凭了认路的人的记忆才知道是走向了什么方向……”

一片风景，其实就是一种心理状态。物候天气具有最丰富的隐喻性意义。东北似乎是个不言自明却经常难以言明的概念；而我们对东北地区自然物象的观察，不妨就从东北的气候起步。

东北地区西北部与西伯利亚连成一片，西北风一路呼啸，长驱直入，造成了东北地区气候“土气极寒”的特征。尤其在14世纪初至19世纪末期，大片区域都处于小冰期，“自春初至三月，终日夜大风，如雷鸣电激，尘埃蔽天，咫尺皆迷。七月中，有白鹤飞下，便不能复飞起。不数日即有浓霜。八月中即下大雪。九月中，河尽冻。十月，地裂盈尺。雪才到地，即成坚冰，虽向日照灼不消。初至者必三袭裘，久居则重裘可御寒矣。至三月终，冻始解，草木尚未萌芽”（吴振臣《宁古塔纪略》）。《康熙起居注》中也有记载，“黑龙江地方从前冰冻有厚至八尺者”。

一九冰上打滑溜，二九冻得不出手，三九夜里起寒流，四九出门风咬肉，五九冻掉下巴头……那是一种刻骨铭心的严寒。天地都被绵邈迷茫的云雾所笼罩，一场场大雪如铺如盖，天地苍莽，群山寂然不动，而人的五脏六腑都冻得凝结在一起，连大脑也冻僵了似的变得迟缓。一到数九，冷到呼气为霜，滴水成冰，赤手则指僵，裸头则耳断。

要想在这严酷的环境中生存，必须要具有与这种环境相匹配的精神力量。东北的先人们，不得不付出巨大的体力、不得不以顽强甚至原始粗犷的意志和精神，在自然中历练。“其人勇悍，善骑射，喜渔猎，耐饥寒辛苦，骑上下崖壁如飞”（《扈从东巡日录》）；这样的崇武尚勇之气，正是东北自然生态环境下磨炼而成的。

荒原、暴雪、沼泽、猛兽等极为恶劣的生存环境，也造就了关东人豪爽、豁达、大度的性格。清人杨宾在《柳边纪略》中记录了康熙初年淳厚实在、乐善好施的东北民风："行柳条边外者，率不裹粮，遇人居，直入其室，主者则尽所有出烹，或日暮，让南炕宿客，而自卧西北炕。马则煮豆麦蓟草饲之，客去不受一钱……非但不图报酬，若有所匿，不与人，或与而不尽，则人皆鄙之。"

与中原人的深沉与谨慎、江南人的精明与含蓄相比较，这是只有东北荒原林莽才能涵养出的豪气冲天、重情重义的特殊气质。此外，正如《金史》所记载，"渤海三人当一虎"，东北各族先民作为马背民族，其骁勇善战由来已久。

三江平原草甸沼泽中，一般的棉鞋难以御寒。旧时东北人用皮革缝制、内絮捶软的乌拉草作防寒鞋，是北方贫民心爱的“草履”。乌拉又写作“靰鞡”“兀刺”，其名称来自满语对皮靴称谓的音译。将植物叶锤打后放入靴中，透气防潮，能御寒，昔称“关东三宝”之一。乌拉草在使用之前，还要用木棒捶打，打柔软以后不伤脚。东北地区野生的草，形状类似乌拉草的很多，但唯有乌拉草的保暖性能最好。乌拉草其叶细长柔软，纤维坚韧，不易折断，除取暖外，还是草鞋、草褥、人造棉、纤维板、草编工艺品、造纸等的良好材料。

不过虽是寒冷，东北地区物产丰饶，人口不似关内那般稠密，人均占有自然资源量充裕，可耕可牧可猎可渔，由此产生了“栋梁巨木，斧斯为薪”“见大不见小”这样粗

仰望（东北虎豹国家公园管理局供图）

放慷慨之雄风“野”性。自然的规律已经内化成为他们的生命节律，他们的血脉苍凉大气、奔放热烈，没有中原文明里细腻精巧、温柔敦厚等等含蓄之美；反倒是有一种胡天胡地的古势雄风与阳刚之气。

端木蕻良就曾在国难之时提出，中国的文化“缺乏一种野性的力量”，人们的血液里，普遍地缺乏一种东西——这种东西正是属于北方的，是一种类似于旷野、草莽、野生的东西；大家好像都是“吃家畜的奶长大的”，要想改变这种情况，“唯有吸收荒野的力量，才有新的生命”（端木蕻良《诗人和狼》）。东北山林寥廓悲郁的气息，带血的旷野、剽悍的民风和硬朗的人物，交融成一种野性的阳刚之美。在对东北故乡风土人情的再现中，作家用自然生命形式作为参照，来探求“民族品德的消失与重造”。

“人们在寒冷气候下，便有较充沛的精力。心脏的跳动和纤维末端的反应都极强，分泌更加均衡，血液更有力地走向心房；在交互的影响下，心脏有了更大的力量。心脏力量的加强自然会产生许多效果，例如，有较强的自信，有极大的勇气；对自己的优越性有较多的认识，有较少复仇的愿望；对自己的安全较有信任，较为直爽，较少猜疑、策略与诡计”（孟德斯鸠《论法的精神》）。错落有致的地理风貌，风起云涌的天文气象，风霜扑面、冰雪裹身的严酷生存环境，就是东北的“精神性气候”，是东北真正的精血和骨气。奇寒、冷硬、荒凉、广袤、肃杀的情境，激发着关东人战天斗地的壮志豪情。

气候变迁直接影响人类的生活环境，进而影响人类社会与历史发展的进程。

千年以降，枣红的高加索马、白色的蒙古马、堪察加种的花马和黄色绥远马在冰原上纵横交踏，多个王朝及帝国兴起于此，剑指江南，在中国历史舞台上卷起猎猎风幡。

20世纪初，东北沃土不断遭受俄、日侵扰，“九一八”事变后，这片土地又长期沦为日本的殖民地。东北人民艰苦卓绝、悲壮惨烈的流亡故事，更成为战时中国人的国仇与家恨所系。抗战爆发之际，东北的白山黑水又一再成为现代中国想象共同体的场景。

1907年清廷于东北设置三省，正式使用“东三省”一名。从东亚角度来看，东北成为日本、朝鲜半岛、俄国以及中国大陆之间的枢纽地带，可谓牵一发而动全身。军阀割据、伪满政权、解放战争、中苏边境冲突、开发北大荒以及知青上山下乡运动……百余年历史进程风起云涌，东北地区的建置行政管理也随之演变，疆域屡经变革，或扩大，或缩小，处于不断变动之中，但同时还具有在一段时期内的相对稳定性。

虎啸榛莽

东北山海相依，外有山水环绕，内含广袤原野，对内呈现聚拢之势，对外则高屋建瓴，可控制东北亚之陆海。《盛京通志》用“山川环卫、原隰沃肤、洵华实之上腴，天地之奥区也”来形容东北平原的主要特征。拉开取景框，我们可以看到黑土地上更广大的自然气象。这种稳定性，是由这片土地的生态特点决定的。

松花江、黑龙江和乌苏里江千里碧波，大小兴安岭和老爷岭、张广才岭林海茫茫，而松嫩平原、三江平原沃野横亘，“形势崇高，水土深厚”，言简意赅地概括了东北区域自然环境的大气象、大格局。

一望无垠的黑土地，大片草甸子衔着烂泥塘，散发着浓烈的植物气息。虎啸熊嗷，野狼成群。终年荒放寒苦的茫茫雪原与苍苍森林中，偏又生长出热气腾腾的人间烟火、凡世风景和传奇故事。当凛剔的东北风，裹挟着豪爽的东北汉子从莽莽原野走来时，宛如一曲永不落幕的奇幻剧目《冰与火之歌》，一丝伤逝的隐痛隐含其中，大收大放之间，自傲与隐忍矛盾共存的东北文化，沉淀出百年的辉煌岁月。质朴与热烈、苍劲与柔和、雄浑与低婉、冷峻与高昂共同杂糅在其中，托举出一个色彩斑驳而意蕴丰富的自然世界。

“息慎，或谓之肃慎，东北夷。”据《后汉书》载，肃慎先民，商、周时，居“不咸山北……东滨大海”。据考证，不咸山即今天的长白山，不咸山北即今天的老爷岭和完达山，“东滨大海”指的则是今天的日本海。而肃慎部族当时的活动地域在牡丹江流域至黑龙江下游，中心在今天牡丹江流域的宁安市一带。

从那遥远的世代开始，萨满就成为通晓神界、兽界、灵界、魂界的智者，萨满教是北方渔猎游牧少数民族传统文化的核心，是东北人民感恩万物、善待生灵与自然和谐相处的精神导引。

冬夜的驼铃，莫测的丛林，高粱大豆的醇香，奇幻醉人的白夜，山村质朴而粗俗的大鼓词腔调，都使你感受到一种神秘喧闹的边地意绪，一种从辽阔荒凉的土地上蒸腾出来的“力之美”，也造就了逾礼僭制、突破常规的生死观念。满族的民间口碑故事《乌布西奔妈妈》里，曾这样介绍乌布西奔妈妈在死前对族人的遗愿：

我死后——长睡不醒时，

萨满灵魂骨骼不得埋葬。

身下铺满鹿骨鱼血猪牙，

身上盖满神铃珠饰，

头下枕着鱼皮神鼓，

脚下垫着腰铃猬皮。

让晨光、天风、夜星腐化我的躯体，

骨骼自落在乌布逊土地上，

时过百年，山河依样。

乌布逊土地上必生新女，

我也将重返人寰。

——满族民间故事《写布西奔妈妈》

山林里的原住民，虽然不过是些箪食瓢饮的简陋百姓，但是他们离“自然”与“神”很近，他们的精神世界纯洁而健康。

他们的寻常生计和生死歌哭，都体现了一种特异的激情、自信与敬畏，暗藏着东北民族的寓言，为满族历史与现实间的血脉连接起绵延的精神管道。

那里集合了在高寒地带繁衍、生息的芸芸众生向日月、星辰、山川、河流的顶礼膜拜，也为我们提供了一个诠释大自然的思维范式，即混沌初开、天地生成之际，山峰、森林、大地等自然环境的形成，是一种人与自然万物息息相关之生物链理念的原始表达。从大兴安岭森林到呼伦贝尔草原再到三江平原，萨满信仰雄奇的想象和奔放的传奇色彩，指示着“现代文明”之外的自然生存方式与想象空间。

虎啸榛莽

“边徼地理之研究，大率由好学之谪宦，或流寓发其端。”（梁启超）有清一代，地广人稀的东北始终是发遣流人的集中之地。文字狱最盛之时，对于发配到东北的“谪臣”和“罪囚”而言，无论事主还是家属，无论故旧还是门生，只要还有口气，一律“发配宁古塔，与披甲人为奴”，成为天涯绝域之“万里羁客”。

宁古塔处于当时汉人视域的边缘，是冰冷遥远、鬼兽并生、沉寂荒芜的化外之地，一批又一批具有较高文化素养的士人，就这样被无情地流徙至塞外苦寒之地。诗人丁介在《出塞诗》中，这样描述当时令人无比悲恸的情景：“南国佳人多塞北，中原名士半辽阳”。

森林（视觉中国供图）

北京城的冬天已是寒冷肃杀，但如果一路北上，出山海关，渡辽河，越长白山，涉松花江，一直走上千里长路，北京的寒冷便不值一提。因为终点更是冰雪笼罩、人迹罕至的苦寒之地，是无法安居的伤心所在。

风雪蔽天，咫尺皆迷，异鸟怪兽，丛哭林嗥，更令人如堕冰窟，萌生死志。友朋欲悲无泪，歌哭以赠。风雪笼罩天地，视野茫茫，千里万里，黯然销魂。“君独何为至于此，山非山兮水非水，生非生兮死非死！”这是清代诗人吴伟业赠给“流人”吴兆骞的诗句。

悲伤、哭泣与黯然神伤，都无法停驻脚步，当年吴兆骞一行在路上走了四个多月，由暮春到初秋，看惯江南景色的才子，满腹悲苦，然而离京愈远，北地的浩茫风景扑面而来，诗人胸中郁积慢慢消散。到最后，北方景物竟已是满目新奇，慢慢有所领悟，原来关外边地，也并不全然是时空倒置、文明沉沦的所在。

“宁古界云树参天”（《宁古塔纪略》），这是流人对流放之地的震撼感知。宁古塔的茫茫林海，令吴兆骞的儿子吴桭臣啧啧称奇，“其上今声咿哑不绝，鼯鼬狸鼠之类，旋绕左右，略不畏人”。森林里到处都是飞禽走兽、虎狼成群，猛兽活动区域范围极广，出没于农家也是常有之事，连窗户都一律从外面关闭，这是为了防范夜间猛虎突然造访。

在此可以顺便提及的是，清代黑龙江地区每年征收的野物，仅貂皮一项就多达四千余张，由此可见当时野生动物数量之多。

世情浇薄，却也总有古道热肠的方正儒生。在那充满流放者血泪的土地上，尽管“鬼沼”遍地、野兽横行、荆莽丛生、冰雪肆虐，然而在慢慢接受现实之后，流放者们“于外事泊然无所接，独以山水为乐，支颐觞咏，如对故人”，同时布施教化。如河南的张缙彦、安徽的方拱乾家族以及浙江的吕留良、杨越杨宾父子等，他们开设讲席，或从事撰著，使中原文明在关外广为传播。

“塞外苦寒，四时冰雪，鸣镝呼风，哀笳带血，一身飘寄，双鬓渐星”；吴兆骞笔下满是盘旋在迷离笳声里的乡愁。而吴桭臣在宁古塔出生、长大，经过东北荒凉气息的洗礼，他在《宁古塔纪略》中的描述，已与其父大不一样："宁古山川土地，俱极肥饶，故物产之美，鲜食之外，虽山蔬野蔌，无不佳者。"

关外的流放之地，也许仍意味着政治地理和文化传统的边缘；然而对这个"移二代"而言，宁古塔不啻是另一个故乡，一个生机勃勃的生命世界。

清代入关之初，清朝政府曾视东北为禁脔，着意于维持"祖宗肇迹兴亡"的根基，对其发迹之地百般遮护，曾在辽河流域掘壕植柳，名曰柳条边。对柳条边外的吉林和黑龙江地区实行严厉封禁，禁止汉人大量移入。然而这条长两千六百里的关东"绿色长城"，终在时光的侵蚀下渐趋坍塌，关内人口大规模涌入，尤其以清朝末年来自山东、河北、

白桦（视觉中国供图）

河南一带的移民居多，直至演绎为后来波澜壮阔的“闯关东”。

光绪二十一年（1895），清政府在内外交困下，终于正式解除了对东北地区一百五十余年的封禁令，实行全面招垦。在此背景下，关内民众终于得以名正言顺地进入东北。

他们放山、开海、淘金、垦荒、采参，红缨鞭在凛冽的寒风中飘甩出脆响，狗爬犁一路溅得雪烟飞溅，黑土地喧嚣起来了，不再是寂然无声的冰雪世界。闯关东的大军浩浩荡荡，使东北地区的人口逐年增长，到清廷覆亡之时，已经增至两千余万人，是清初东北人口的百倍。

除了人口，东北的山川地貌、风土环境、

边务事宜和建置沿革，无不被流年暗换。

“闯”，意味着走投无路的悲苦，也有背水一战的豪迈。

从东北腹地到边界地区，关东人在林海雪原中一路开拓垦殖，作为全国粮仓的东北，早期实际上就是移民们闯出来的。“闯关东”移民的冒险意识和进取精神也传承在东北后人的潜意识中，给东北带来了巨大的文化冲击。

但是，他们也大大改变了当地的原生态环境，造成了林地的水土流失和草地的沙漠化。此外，19世纪末朝鲜半岛动乱，大批流民越过鸭绿江来到东北屯垦；朝鲜成为日本殖民地以后，又导致了一波政治移民潮。20世纪40年代在东北的朝鲜移民超过一百万。

大量朝鲜移民向东北腹地扩展，主要从事农耕，也对东北生态环境变迁带来了影响。而俄日两国对东北的侵略和资源掠夺，尤其是对东北森林资源的掠夺，更造成了东北原始森林的大幅消减，严重破坏了自然环境。

东北森林环境的破坏与当地野生动物的状况息息相关。据东北的文史资料汇编所记，如黑龙江省，在“人烟辐辏之区”，也“每苦山林无多。民间只求需用，罔识保存。广漠童山，所在多有”；再如吉林省，“天产森林素称极盛……惟数十年来，户口渐多，农田日辟，铁路工业日盛，木植之为用多，销路多，因之森林砍伐殆尽。”移民对东北资源的不断开发，影响深远。

虎啸榛莽

在东北地区的移民历史上，还有一种特定的主动性流动，即通过有组织地从全国各地集体迁入的开发大军。这是一种新形式的移民。

1948年辽沈战役后，第一批转业军人即赴北大荒垦荒，在塞北荒原上建立起了一批拥有当时中国最先进农业生产技术的农场。之后志愿学生、下放干部和知识分子前赴后继，尤其来自关内的知青，夹杂着朦胧美好的想象，背负着沉重的离愁别绪，义无反顾来到北大荒，人数高达四十五万。

他们大多是从经济发达、文化先进的大都市（如北京、上海、天津、杭州、宁波、温州、哈尔滨等）来到黑龙江的三江平原、嫩江平原和大小兴安岭、完达山等人口稀少的“广阔天地”；他们在激情燃烧的岁月里开垦拓荒，在茫茫林海间进行“顺山倒”式的砍伐，国营林场，建设兵团，成为他们一生梦萦的永恒记忆。

他们的生活以垦荒、放牧、渔猎、伐木为主要内容，也少不了探险、拓荒、逐狼、打虎、猎熊；他们进行了中国历史上一次绝无仅有的关乎青春生命与时代梦想的大迁徙，从此也与广阔深远的北大荒紧紧地连在了一起。

对于南方知青而言，“在北大荒，一出门就是江南小镇与小镇的距离，步行七八里地的出工路上，已消耗了大半体力”（张抗抗《大漠冰河》）；深冬雪后，“鬼哭狼嚎般的老北风”更吹凉了年轻人的热血。然而在荒凉、广阔的大自然里，也同时存在着草长莺飞、风光旖旎的葱郁乐土。在原始森林的茂盛与神秘中，他们冰江捕鱼，雪山狩猎，深山挖参，湖畔牧鹿……同时也塑造着自己坚韧尚勇的精神品性。

北大荒每到春深，就是一派春水潺潺、锦鳞游泳的盎然生机。在天荒、地荒、人荒的亘古荒原上，在沉静延绵的白桦林里，有一代人的青春在流淌。伐木者的号子里是原始生命的呼喊与青春的律动。“白桦树是有眼睛的，她的眼睛长在树干上，那苍老的树杈脱落后，便留下一只鱼形的眼睛，黑色的眼圈和眉毛清晰可见。那眼睛注视着大森林里的日出日落、冬去春来，注视着黄绿白黑的色彩变幻。她是大森林中的抒情诗人，她是阴森忧郁的森林中的

白桦林（视觉中国供图）

一缕缕的阳光，她是粗犷的男人群中的秀女。”（林予《雁飞塞北》）

山林中晶莹的白雪、挺拔的白杨、落叶松映衬着蓝天，美丽的白天鹅和飘逸的丹顶鹤，在晴空万里的天宇下，从广袤的黑土平原飞掠而过。这是一片刻满诗篇的土地，青春的欢笑与歌哭都化为他们成长历程中的深刻印迹。

一个具体的空间或者“地方”，意味着一个人或一个族群记忆、体验的核心。地理学家莱尔弗论述过，共同感、所属感和“地方意识”，只能出现在那些人和“地方”深度关联，情感深深扎根的地方。在地理方位所延展出的隐喻层面上，北大荒作为极地边塞，是思想荒凉与精神苦痛的地域表征。然而知青单薄的身躯沉没在田野和山林里，笨重的膝盖深陷在泥土中，艰辛的生存与劳作，使得青春与信念、生命与时代同时具有一种沉默、痛苦而又耀眼燃烧的自然意志；以及一种拓荒者特有的崇高而悲壮的献祭色彩。尽管那一时期的知青点遍及大江南北、荒僻海岛、贫困山乡，但是没有任何地域形象可以像北大荒、“黑土地”知青那样，成为突显一代人精神历程的极具震撼力的艺术象征。

“站在北大荒的原野上，人忽然就渺小了、萎缩了，小得找不到自己了。你的视线中惟有天空和原野，人被蓝绿白三色覆盖，人已经没有颜色了。”（张抗抗《垄沟》）这样的认知，已是将北大荒看作是人神和谐共处的家园，是心灵能够栖息的精神实体。在屯垦戍边的岁月里，北大荒知青将自我与自然环境融为一体，将自己变成忧郁森林中的一缕缕阳光，注视着黑土地的色彩变幻与岁月变迁。时代留给他们的历史遗产太厚重了，不再只是地理学上冷冰冰的名字，生活和故事本身承载了特定时期丰厚的历史经验，并被赋予了复杂的灵魂气息和精神象征。

东北森林沉静阔大，松花江水汹涌不息，北方旷野上多民族生活的喧嚣与骚动，环境的寒冷和粗粝，掩映着小兴安岭蜿蜒的龙脉，长白山天池的奇崛超拔，以及乌苏里江的深沉朴拙。我的思绪经常飘过山高水长的迢迢长路，看江山几度易主，故国残月，几百年的历史从我眼前飞掠而过。白桦树是有眼睛的，它那忧郁的眼睛就长在饱经摧残的树身上，永恒注视着东北大森林里的日出日落、冬去春来。

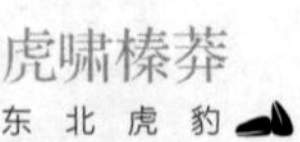
虎啸榛莽
东 北 虎 豹

消　逝　的　风　景

"家乡多么好呀，土地是宽阔的，
粮食是充足的，有顶黄的金子，有顶亮的煤，
鸽子在门楼上飞。"

萧红《给流亡异地的东北同胞书》

在森林之神缄默的记忆里

进入长白山区，满眼都是树木。林中星罗棋布着银光闪烁的湖泊，纵横交错着蜿蜒曲折的溪流。山峦的细节都清晰透彻，山脊覆盖着青黄的颜色，河岸边的柳树和青杨，辉映着秋季的七彩阳光。林区的秋天透明艳丽，亦温亦寒的气候，将满山植物点染得五彩斑斓。天与地如此亲和，又如此高远，好像有支蔚蓝色的歌在风中飘，融入林区，飘向天宇。

在“土地多山险”的森林中，或者森林边缘的草原地带，先后出现有肃慎、挹娄、勿吉、靺鞨等民族。早在三万年前就有早期东北人的游牧、狩猎活动，“逐水草而居，习射猎，善游牧”。雄浑奇伟的白山黑水之间，每个从历史深处走出来的民族，都与自然有亲有故。

他们夏天至河海边避暑，出海捕鱼、捕海兽；冬天进山挖土作穴，衣兽皮。出行则有马匹、驯鹿、滑雪板、雪橇狗爬犁和人，而桦树皮船、犴皮船与独木舟，则是他们度过森林河流的必备工具。葳蕤鲜活的森林里，储存了东北先民与自然相依的真实信息。

他们都是典型的森林民族，从元代开始，就有了一个古老的共称："林木中百姓"(《元史》)。近代以来，有时也被称为"树中人""栖林人"。

很多民族利用树皮来满足日常所需，如"室韦用桦皮著屋，赫哲以桦皮为舟。""室韦"一词的本来含义就是"森林中的人""他们从来没有帐篷，也没有天幕……在它们停

留之处，他们用白桦和其他树皮筑成敞棚和茅屋，并以此为满足。”（拉施特《史集》）

当然他们的聚落地点，并不在森林深处，通常选择在森林盆地边缘的山脚下或者半山腰，或者背靠树林的坡地、山腰、丘陵地。他们的居室，是用桦木、柳木或是落叶松的木材搭建。对于他们而言，没有森林的世界，如同没有自我的身体，一切都无从想象、无从说起。

“树中人”死后，通常会被“葬之于野，交木作小槨，杀猪积其上，以为死者之粮”；有时还会实施树葬：“死者不得作冢墓，以马驾车送入大山，置之树上，亦无服纪”。人与森林悄然运化，无牵制，无忌讳，这是天、地、人生命自然朗现的空灵境界；生活世界由此变成一个整体。

在东北森林民族的萨满传说中，有一棵贯通上、中、下三界的宇宙树，亦称为神树。它是宇宙万物的起源和载体，根部直接贯穿世界，枝丫遒劲蔓延，支撑着整个宇宙的重量。神树被认为是天地间人神交往的工具，或者起着天梯的作用；有的就生长于世界的中心。

赫哲人最尊敬之神为天神。这天神常供在神树上。神灵的宫殿，也在草原的尽头、在大树之巅。

鄂温克人在狩猎前，要先敬山神。他们忌讳在大雷雨中外出远行、上山打猎、草场放牧，严禁食用被雷击死的各种动物肉，雷击过的地方严禁牲畜踏入，雷电火引起的森林火灾，不许扑灭。对雷电的畏惧，实际是就对上苍—森林—草原神性交流的敬畏。如同某一种心理或经验的浓缩与聚集，东北森林隐喻了个体的“自我”与“世界”之间的相互构成、相互塑造、你中有我的关系；也让我们看到北方森林、宇宙与文明历史的意象彼此灵感相通。

斯奈德在《诗与原始性》中曾经说这样一种认识：在众多的生命形态中，很大一部分能源不是取自生物群落，反而是重复使用已经死亡的生物形式，如森林里的枯枝败叶、倒毙的树木，各类动物的尸体，如是等等。能量的流转也推动着自然界的重复使用。就如北方森林民族逐水草而居的生活方式，看似居住无常，实则是生存、繁衍与死

林中秋色（东北虎豹国家公园管理局供图）

亡皆遵循的特定规律。“逐”，实际上就是循自然规律所动，是按自然变化而行的行为。森林为他们的生存提供一个方向；这个方向就是生活世界的全部。

森林生生不息的繁殖力，使其成为土地神灵的凭依，在人类文明的黎明时刻，一切庇佑皆源于此。中国人崇拜的龙可能出自森林—草原民族萨满教文化，因为龙的特性有如下特征：与云相融能升天；与水相属能入海。这样的特征与森林—草泽、森林—湖海生态环境的植物与动物相紧密相关。“龙”一说就是树神，实际上就是象征贯通上、中、下三界的宇宙树。龙的原型，追溯过去，正是森林中四季常青的“松”“柏”之类的乔木。也正因如此，这些树通常都有类似“重生之树”“时光之轴”“妙明之悟”之类的含义。

大森林饱含着生命力与自然的野性，以沧海桑田般的伟力，为每一个生物种群的利益工作，物种多样性与生态整体性相辅相成，互为彼此，互成因果。在无尽的岁月里，大森林默默无闻、一言不发，无私地为生物提供生存空间。它不知疲倦地工作着，直到历经沧桑，就像浮云一样散尽，化作云雨雷电、原野江河，伴着轮回的四季，一切又都重新开始。

世界是由森林撑起的——通天神树在北方民族中得到继承，渐渐被赋予多重神性功能。森林是作为永恒生命“神性根基”的象征，是东北森林民族一直想要返回的意识状态，是沉浸在原始丰饶之海中意识底层的“原初记忆”。一代代森林民族的先民们，正是依靠这种信念，为自身提供宇宙运行的基本模型，从而赋予生活规则和方向。

走山人与伐木者

东北的森林天生自带某种神秘、野性与狂暴的力量。

在广阔无边的原始森林和危机四伏的山林草甸里，惊天动地的雷声可能是雪崩；听到有人吹口哨，那是风在刮着飘雪的树梢；如果听到有人在咳嗽，那是野兽啸声在山谷里的回音。冬季旷野茫茫，天与地都寂然不动，梦幻色彩浓厚，有一种令人敬畏的力量。

在辽金对垒的岁月，辽军曾派出一队轻骑，奔袭金军。

当辽国潜入的轻骑兵历尽千辛万苦，准备在一个月夜发起总攻时，意外发生了。他们转过一个山口，打眼一看，前面的山坡上充满杀机，漫山遍野都是严阵以待的金军。辽军骑兵毛骨悚然，仓皇撤军，丢盔弃甲，狭窄的山路上，许多兵员被己方的战马踩踏而死。

直到逃出了长白山，辽军还不知道是受了月光和积雪树木的欺骗。人在夜晚翻过一道山岭，忽见月光下满坡满谷都站满了人，确实会吓得魂飞魄散。这是东北山林老猎手才经历过的恐怖体验。

而得到森林庇护的金人，祭山的传统和信念更加牢不可破。

后来的走山人也沿袭了这一传统。当春天冰雪第一次融化时，走山人都要举行盛大的谢恩宴，感谢冰雪、感谢山神。他们像小心翼翼察言观色的小学徒，甚至常从古树的树结、瘿瘤上，去观察、琢磨森林之神的喜乐与嗔怨，意图借此预卜狩猎的吉凶。这里面也有着切实的山林和自然的知识，通过特有的方式，代代相传。

“走山”是东北山民的一种生存方式。走山人生活在森林里，和其他动物一样，也是山林中的食物链之一环。他们中有捕鱼人、捕兽人等。捕鱼人一般住在山中的小溪沿岸，捕兽人则住在山沟和浅谷中的堆子房里，靠在森林里捕猎为生，会熟练应用捕捉野兽的陷阱、索套等工具。

他们经常不得不露宿于林地之中。入夜，他们要在黑暗的大森林里点燃一堆堆营火，马匹在四周不时发出惊恐的嘶鸣，为避免猛兽夜袭，他们会找一些枯树壳，吊在高处的树枝上，就睡在这些天然腐化而成的大木槽里。到了深夜，有时就有大型猛兽在下面整夜嗥叫。

森林里气候变幻莫测，常常一天中雨雪风雹交加，给走山人带来极大的痛苦和灾难。山高林密，他们如果对环境不够熟悉，就容易迷路，最终被冰雪吞噬。

森林中还天然有着各种凶险的因素，走山人经常发生意外事件，被山洪冲走、被山崩压死、滑落悬崖跌死，有时还会因一些莫名的原因而神秘失踪。他们面临着和其他野兽一样的命运，捕杀野兽，也会成为其他野兽的食物。他们需要与荒凉的大自然进行不懈的斗争，但所得也只能勉强维持生存。

在森林里，占统治地位的是野兽，而不是人。

大森林中还会出现各种来路不明的冒

险者，他们多半在林中度过一个秋天，除非不得已，无人敢在大雪埋人的深山林地里过冬。当他们各自携带着报酬归去时，还得提防在深不可测的密林深处，成群结伙杀出的“胡子”。很多“走山人”“开矿者”最后就葬在荒林深谷中，永不被亲人所知。

除了“走山人”之外，后来又出现了伐木者。

20世纪初有一位安县知事吴光国，曾发布的一篇白话：

尔等砍木头的人，原来是上古时代留名的工艺人。左传上载说，山有木，工则度之。子夏云，百工居肆以成其市。孟子曰，斧斤以时入山林，则材木不可胜用矣。替你们想起来，士农工商中，派著一行文明的称呼，也能与举人翰林做官的，一样赞美，这不是极体面的人么！

经营木材买卖的领头人被称作“木材把头”，简称“木把”。

“木把”是具有伐木经验的老手，同时负责组织伐木团队和木材销售。每年秋季，木把集结一群熟练的伐木工人进山，选好林场，冬季伐木。进山后，到当地政府请求伐木许可，俗称“砍票”。一把斧子纳税银一两，任意采伐，不受任何限制，采伐地点也是自由选择。

领排人既是熟练的排手，也是通晓伐木作业的老手。一声天崩地裂的巨响，百年大树轰然触地。山坡上的积雪弥漫飞腾，会形成一两丈高的雪雾。这时就有牛车将树木拉走，最后以木排的形式集中在河流中，顺水而下，河的下沿会有人专门守候取木。

把头每走一个山头，都要跪拜一次，时刻表达对于山神的敬畏和祈求。

环境虽是苦寒恶劣，然而老林子中的动物世界，却是生态环境最为和谐、原始的世界。人处其中，不自觉间，就会受到熏陶和感染。

冬天，是东北森林狩猎的黄金季节。但也就在此时，林中的熊已经可以安然冬眠，它们在活跃的时候，时刻担心猎人的袭击，而在隆冬却能心有灵犀地酣睡，因为信奉萨满教的猎人不会乘人之危。

它们与人远远相望的时候，已经留心观察了他们的一举一动，尽管他们是猎人，但他们的所做所为，没有让它们感到不安；同时也有了冬眠时不相打扰的承诺。

人与熊是如何交流的？这是大森林里特有的秘密与默契。随着时间的流逝，“走山人”与林中兽彼此越来越熟稔，他们之间的默契逐渐变成通行的准则，成了人人必须遵守的山礼山规。

除了冬天不捕熊，东北伐木营子、追棒槌营子和老猎户还会饲养、救助失去爹娘的小熊、落单受伤的小老虎等，在合适的时候将它们放归山林。

值得注意的是，老虎在“走山人”眼中，就是山神爷的化身，也是维护山礼山规的实际执行者。在东北老林子里，虎既有人格，又有神性、神职。它在一般情况下是保护走山人的，是为人排忧解难、消灾降福的。但是，若有人冒犯了山礼山规，违反了某种禁忌，那么它也会铁面无情，降祸于人。

在清末的很多山林里，“走山人”“红胡子”、挖棒槌的、伐木者都把东北虎奉为山神爷，比如在现在的老爷岭一带，以前很多山口都建有山神庙，庙里供奉着山神爷的牌位，上面写着“山神之位”，过往行人一律在庙前息声屏气，焚香磕头，谈话时甚至忌讳用“虎”字，一律用“山神爷”相称。

我们可以据此看出，东北虎——山神爷这样的森林法则，作为一种原始简单的信仰，保护着东北老林子里的自然秩序，敦促人们遵从森林的生存法则和道义，敦促人们对自己的欲望进行遏制，从而也维护了森林的生态平衡。

“走山人”和其他动物一样，穿梭林中，只为生存，他们的索求并不过分，虽有武器用来防身或捕杀猎物，但并没有巨大的杀伤力，东北虎、东北豹常常在没有猎物的情况，到“走山人”布下的捕兽阱坑里去看看，经常会有所斩获，从那里有时会拖出诸如马鹿、野猪、青羊、狍子之类。

大森林里的一切生灵，既然都是由山神掌管，能够打到的猎物，当然也是靠山神爷所赐。“走山人”明白这一点，过去长白山挖参的老把头，在费尽千辛万苦挖到野山参之后，会抱着感恩的情怀，将参籽埋回原初的地方，野参的可持续性也得以保留，他们自己也心安，觉得可以据此抚安世界，慰藉森林，传替百代。

从萨满那粗犷豪放、勇如鹰虎的野性舞姿与密集鼓点中，我们可以看出，那里面不仅有对狩猎行为的模仿，更有对自然之灵的深刻体验；凶猛的、具有杀伤力的动物是必须得到敬畏的，比如熊、虎、豹等；难以捕获和驯服的动物，同样是值得崇拜的，如鹰、雕、蛇、狼等。必要的捕猎不等于滥杀，好的猎手都懂得敬畏因果。在东北的老林子里，具有人与兽都必须遵循的自然规则和规律，违者必致不祥。

“龙兴之地”的禁与弛

山峦起伏，绵亘千里。渡湍江，越穹岭，但见万木排立，仰不见天——少见的风雪和奇寒，一望无际的大平原和沟渠纵横的泥塘沼泽，安谧的湖水和奔腾的江河，日久年深，造就了白山黑水间独有的原始森林。

大森林无时无刻不在创造，它的价值深深保存在万物生灵的活力之中，像一位追求至善至美的艺术家一样，不断将斑斓的油彩，涂遍大地和天空。从鸭绿江边到黑龙江畔，从长白山到大兴安岭，北方的林木种类应有尽有，红松、黄花松（即黄花落叶松）、鱼鳞松（即鱼鳞云杉）、杉松（即辽东冷杉）、臭松（即臭冷衫）、水曲柳、榆、核桃楸、椴、黄波罗、色木、柞（即栎）、杨、桦等。林下灌木有榛子等，附生植物有蕨类等，草

梅花鹿（东北虎豹国家公园管理局供图）

本植物有人参、黄精等等。山里红、稠李子、山葡萄、山杏，满山皆是。

清代中期，整个三江平原的森林，不仅高大茂密，而且有不少古木，盘根错节，遮天蔽日。林中阳光稀少，林间还有沼泽分布，蒸腾着乳白色的烟气，若云若雾，在天地间奔涌迂回。清朝以前的漫长岁月，吉林省的森林，绝大部分也都处于原始林阶段，参天的古树如阵似涛，密不透风，龙吟虎啸。

同时，森林中还繁衍生息着东北虎、豹、棕熊、野猪、狍子、狐狸、水獭、松鼠、獾、猞猁、鼬鼠、山狸子、貉、鹿等等各种野生动物，野鸡惊飞时遮天蔽日，不少县志都有类似记载，有猎人冲林子里头随便放一枪，保不齐就能有所收获。

千山万岭之间，黑龙江、松花江、乌苏里江纵横流淌。大地延展开来，片片芦苇缠绕着水泡子，山林附近常有深邃的河流湖泊，都盛产鲟鳇鱼、哲罗鱼、细鳞鱼、江鳕等珍贵冷水鱼类。

康熙皇帝平息三藩之乱以后，为维护清王朝的统治并保护“龙兴之地”，也是为了保护东北森林的特有资源，比如人参、貂皮、珍珠等贵重林下产品，于康熙七年（1668），实行了“四禁制度”：禁止采伐森林、禁止农垦、禁止渔猎、禁止采矿。

“四禁”的区域包括了东北地区大部分的优质林区和草原。东北森林得以休养生息，经过近百年的繁育，林深树茂，万木参天，林中落叶常积数尺，“材木、铁冶、羽毛、皮革之利不可胜穷”(《御制文集》)。何秋涛《朔方备乘》一书称:“吉林、黑龙江两省实居艮维之地，山水灵秀，拱卫陪京，其间有窝集(注:即大森林之意)者，盖大山老林之名……材木不可胜用……地气苦寒，人迹罕到……以故深山林木，鲜罹斧斤之患。而数千百里，绝少蹊径，较之长城巨防，尤为险阻。”

据杨宾《柳边纪略》记载，到18世纪，兴安岭仍然“松柞蓊郁”“林薮深密”，山内“有虎、貂、熊、狼、野猪、鹿、狍、驼鹿等兽”。南怀仁在《满洲旅行记》中也有记载:东北森林“已经几世纪时间从未采伐，全不知刀斧之声。各种树木，丛生茂密，蔽天盖地。经数月间行旅，沿途密生榛实，惟余自有生以来，如此茂密丛生，实所未见。”

清初，高士奇曾随从康熙帝由北京到松花江，他在《扈从东巡日录》则从一个侧面（皇帝狩猎），反映了当地野生动物，包括东北虎的状况：“哈达城（今西丰县境内），城在众山间，弹丸地耳，（然）材木、獐（麝）、鹿甲于诸处。每合围，獐（麝）、鹿数百……遇虎，则皇上亲率侍卫二十余人，据高射之，无不殪者。若虎负嵎，则遣犬撄之。犬不畏虎，随吠其后，或啮其尾。虎伏草间，犬必围绕跳跃，人即知虎所在也。虎怒逐犬，出平陆，人乃得施弓矢；更有侍卫数人持枪步行，俟虎被逐中箭，必怒扑人，随势击刺之，亦无不殪者。昔人谓：虎、豹在山，其势莫敌。今搏之甚易。月余以来，杀虎数十，前代所未有也”。这真是一幅生动的猎虎图，吉林哈达城虽小，但由于林木茂盛，麝与鹿也多，所以虎也多到了令人咋舌的程度，康熙仅在此地就“杀虎数十”。

随着时世推移，清朝国运日渐衰微，东北的富饶和关内的连年灾荒形成越发鲜明的对比，巨大的利益诱使找不到生活出路的汉人铤而走险，不顾封禁闯入重峦叠嶂、古树葱郁的长白山森林。及至19世纪初期，大量的汉族人口开始迁进东北三省，林区的天然植被被砍伐，农田植被在原已开发的宁古塔、吉林乌拉等地继续向四周发展，而黑龙江、牡丹江、绥芬河、穆棱河上游、乌苏里江、同江等地的林区，也陆续被开辟为农田。乡民贪图便利，在“山坡沟掌尚有薄土”的情况下，毫无珍惜之意，“无不放火开垦成熟地”，导致很多地方出现大片童山秃岭。

为了增加财政收入，解决地方经济危机，清廷被迫开禁，甚至鼓励移民开山伐木，以期让东北地区的处女地得到快速开发。甚至官方占有的围场、荒地都卖给移民，经过垦殖后，一些森林密布的平原河谷地带，渐成人烟辐辏之区。

野兽都栖息在深山密林，尤其东北虎等大型野生动物，都需要有系统的食物链，才能够得以繁衍生息。森林地带的垦荒严重影响到了野生动物，尤其是东北虎的分布区域。因为食物的减少，老虎不得不捕捉人类的家畜，袭击老林子附近的村落、堆子房和

青鼬（东北虎豹国家公园管理局供图）

林场。松嫩平原的呼兰县曾经森林密布，东北虎时常出没，“旧记呼兰多虎……在昔田野未辟，林木蓊蔚，固宜有之，自放荒后人烟渐密，叶陌互连，村屯相望，俱绝迹于呼兰境内矣。”（《呼兰县志》）

东北虎的领域面积很大，平原河谷地带的大面积毁林，使东北虎很难在这些地方生存。经过移民开发，东北虎的生境也逐渐破碎化，虎啸山林的盛景已久不复见。

除了垦荒，新移民对野生动物的狩猎、对鱼类的以及对珍稀植物的采挖，也产生了严重的后果。对这一点，时人就已敏锐感知。以吉林省为例，“本省既多森林，故动物亦夥。惟自开辟以来，斧斤不时入山林，猎犬不时而奔驰。网罟频施，牧业不讲。鸟兽

随森林以渐稀，渔牧几将绝无而仅有”。（刘爽《吉林新志》）

森林若黑云横天，虎狼腾跃的原始盛景已走入历史，再不复见；然而，这还仅是开始，更大的劫难还在后面。

同光年间，由于时局的转折和西方林业知识的传入，中国人对于森林的观念产生了显著的变化，传统知识视野下作为农业附属的森林，和近代以来被认定为实业的林业结合在一起，进入了中国士人意欲图强的改革视野。

“嘉树密林，既能引泉致雨，可免旱灾，而根蟠土中，叶盖地面，当大雨时行，高处泥沙，不致随流而下。凡壅压田亩，淤塞河流之患亦可减轻。诚能以种植为经，以水利为纬，以水利为体，以种植为用，行之十年，而地利不日兴，民生不日富，国计不日丰者，未之有也”（华辉《请讲求务本至计以开利源折》）。由此可见，森林产业开始被改革派士人视为强国之重要手段。

1905年，《满洲日报》发表《论吉林木植》一文，指出“吉林省崇山峻岭，森林所在尤多，其最著名者，则由如赛齐窝稽、那穆窝稽、张广才大岭，赵大脊大岭，花松甸子，凤凰山等处，产木甚多，任至一处，干霄蔽日”；指出吉林应“急设森林学堂，各随其材，以迟其用，乘此铁路大通往各地，其获利自有无穷”。

东北森林有时是清晰的，有时是神秘的；有时是蓬勃的，有时是脆弱的；有时是辽阔的，有时是苍凉的；有时是气势磅礴的，有时又是寂寞冷落的。一代代垦荒者从“流”到“闯”再到“垦”，王者和流民在这里演化和交往持续数千年，深刻影响了这里的自然面貌。到了近代，西方文明裹挟了维新派人士变法图强的急切心理，黑土地又暴露在列强贪婪的目光中，而东北森林不幸地正处在那交锋博弈的中线上，其苦难命运一再被深深锁定，更多的血与火、开发与掠夺已近在眼前。

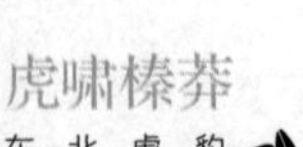
虎啸榛莽
东 北 虎 豹

王　者　归　来

“当你第一次看到老虎的时候，
它或许已经一百次凝视你。”

印度谚语

老虎进村，可能只是个开始

虎既为“灵兽”，一般而言，只要食物链还未完全断绝，虎就一般少有袭击人的行为。然而，放诸全球，人虎冲突一直不曾断绝。直到现在，老虎捕食家畜或者伤人毁物的事件仍屡见报端，成为地方政府和动物保护工作者不得不面对的棘手问题。

2021年4月23日，黑龙江省密山市白鱼湾镇的居民在当地发现一只老虎。这里自然环境较好，鸟兽也与人离得很近，宁静的阳光照在林田之间，谁也猜不到，在这片宁静的山林间，接下来的一瞬将要发生什么。

各方紧急出动，在搜寻过程中，一位村民被老虎扑倒。老虎仓皇逃离后，受伤村民被送往医院治疗。工作人员开车追踪老虎时，遇老虎飞奔袭击。所幸，工作人员迅速驾车逃离，但车窗已被老虎一掌拍碎。当地民警开车在街上用大喇叭警示村民切勿外出。

接下来，警方、林业部门等工作人员通过无人机等方式，拉线布控将老虎锁定在临湖村二组范围内进行合围。在白天的抓捕过程中，有一些零散的视频传播到网上。从一则视频中我们可以看到，老虎趴卧在民居附近的草丛中，警惕地注视着拍摄者。据一位动物学家分析，老虎趴卧在房子后的视频，是老虎正常的状态：把自己隐藏起来，还是想要避开人类。这和老虎的习性是一致的，正常情况下，老虎都会主动避让人类。

当晚21时，老虎被警方用麻醉枪击中，后被送至横道河子猫科动物饲养繁育中心，健康状况无碍。经林业部门专业人士初步判定，这是一只野生东北虎。

这并非是今年第一起东北虎进村事件。据北京晚报报道，2021年2月1日，吉林省汪清县金苍镇境内，曾拍摄到野生东北虎进村捕食家犬的镜头。报道称，据不完全统计，今年入冬以来，在汪清县附近村落，有一只羊和七条家犬被老虎吃掉。

作为大型兽类，山林之王，虎是人类潜意识里崇拜、忌惮、敬而远之的对象。遇虎、打虎、某地出现老虎都绝对是件关注度极高的事件。在此次事件中，东北虎的出现以及当地居民的安危，都引起了公众平时可能很少触及的思考：老虎与人，谁才是那个需要被保护的？东北虎这种具有代表性的物种，一下处于全国舆论的中心，也让我们开始注意并认真

东北虎（视觉中国供图）

审视每一片生态系统的独特性。

东北虎出现在人们视野和新闻媒体，这几年其实已很常见了。例如，2016年7月，珲春市依力南沟，一只野生虎在持续近一个月的时间里，频繁活动在玉米地、房屋旁等区域，杀死家禽家畜若干，对当地居民的生产生活造成极大威胁。所幸最终没有造成人员伤亡，否则将大大激化当地居民对虎的敌对情绪，导致多年建立起来的虎豹保护支持度瞬间崩溃。

东北虎已经重返人类的世界，而我们却仍未做好两个世界再次重叠的准备。

东北虎有着锋利的爪牙，四肢爆发力极强，一巴掌下来，足以将车窗击碎、致人头骨迸裂。东北虎擅长伏击和独立捕食，天生就是高端的捕食者。人虎身体结构上的悬殊差异，导致人在赤手空拳单独面对虎的时候，毫无招架之力。

当然，虎性格多疑谨慎，柳宗元名篇《黔之驴》里，刻画了一只面对不速之客迟疑不定、游移再三的虎，很传神，也很有代表性。虎捕食习惯于伏击，在真正出击之前，会长久地观察猎物的活动，三思而后行。

从中国方志看，人类行路经过深山道路，如果误入虎的领地，或者就算是狭路相逢，也通常是老虎“擦肩”“帖耳”而过，互不相伤。

同治《浏阳县志·人物志》载：“黎维：邑庠生，性孝谨，父殁，庐墓三年，距家数里，隔一水，偶以事归。虽夜必往，一夕遇虎于途，虎帖耳过”。

同治《衡阳县志》载：“陈尧珩，农民也……常行大足山中，夜宿于野，比旦，见与虎同卧，惊而起，虎亦徐去。年八十卒。”

同治《安化县志》载：“王平远，字奠侯，一都马路桥人，少不羁，胆略拔俗。尝登山遇虎，叱之避道，虎辄遁去……”

这些记载事件说明，老虎见了人类以后，并不必然发动袭击，所以对于人来说，不能措手无计，而是应懂得冷静应对，采取更妥善的行动。

东北豹的生理结构和行为特征与虎相似，体型更小一些，人豹冲突相对更罕见，烈度也低一些。当然和老虎一样，豹子也喜欢偷袭，它们狩猎时会尽可能地隐藏自己的

东北豹（东北虎豹国家公园管理局供图）

身影，等猎物距离自己足够近时，发动突然袭击，而这留给人的反应时间有限，很容易导致人类受伤。

面向未来，类似的事件提示我们，野生虎豹带来的风险可能是持久的。生态保护者们往往有一种偏向的宠爱，野生动物似乎都是天真无害的，这样的观点，有时可能会掩盖野生动物对人的潜在危害。从政府的角度来说，保护濒危虎豹免于灭绝的自然保护计划，固然是值得称赞的，但方方面面都要慎重，不能执着于保护计划的实施而枉顾居民安危。

未来，随着生态环境保护力度的加强、野生动物种群的恢复，或许更多的人兽冲突将会出现。这类事件不仅会给当地社区、民众带来经济损失，危及人身安全，影响人们正常的生产生活，也会挫伤对野生动物保护的积极性，甚至导致对肇事动物的报复性猎杀。

联想到同期发生的这起“杭州野生动物世界3只未成年小豹脱逃事件”；如果一只东北虎（豹）曾在动物园里豢养，特定的亲近人类的环境，已经让它逐渐习惯于攻击所有的活体动物（长年的活食投喂），这就增加了它们在野外逃逸时，为得到食物或者仅仅出于“习惯”而攻击路人（游客）的风险。据说在印度孟买，豹子形成了晚上在城市抓狗吃的习惯，已经成了当地很棘手的问题。

不仅仅是这几次偶发事件，其实开着私家车去参观豢养的野生动物，都是很危险的，一旦这些动物兽性大发，比如东北虎，一掌最大力道可达上千公斤，任何车窗玻璃其实都不堪一击。这次人虎冲突事件，也让我们能够很清晰地看到，躲进普通的车辆中，并不意味着绝对的安全。如果车窗可以被轻而易举地击碎，意味着老虎完全可以将利爪探入车内。而轮胎被咬爆，意味着老虎完全可以限制车辆的行进能力，从而有充裕的时间慢慢攻击车辆和人。

人工繁育的虎豹经常和人接触，放归或逃逸后，很有可能频繁进犯附近的村落，加剧人虎冲突；如果有捕食需求，饥饿的虎豹也很有可能直接选择熟悉的人类。现在适合东北虎豹生存的地方仍是十分有限，猎物的多样性和数量都存在明显缺陷。这也为动物园里人工饲养东北虎豹的野外放归，设置了

远山（东北虎豹国家公园管理局供图）

令人头痛的课题。

但一般而言，野生的东北虎豹一般不会主动靠近人类。虎对环境要求很高，包括领地面积、植被种类和密度、猎食对象的种类和数量等，如果环境舒适，虎不会越过自己的领地活动或捕食。

看这次老虎袭击人和车的视频，我们应当清醒地意识到，老虎很可能是处于一个强应激的非正常状态。尽管在这之前，到底发生了什么事惊扰到老虎，使其情绪失控，从而产生了如此过激行为，我们尚不得而知。

那么，在什么情况下，野生东北虎会接近居民生活区，并盗食家畜乃至袭击人？

据动物专家研究，东北虎伤害人类的原因主要有：老虎受伤、生病、年老体弱捕不到食物时；被猎人所伤，与人拼命，或当时逃脱，以后蓄意报复；受伤之虎被人逼迫过紧、自觉没有生路，索性横下一条心，绝境反击；在进食时或休息时，突然被人撞见，因惊慌失措而扑人；在逐偶时和抚育幼仔时，脾气不正常，等等。

除此之外，还有几种情况，比如当人接近带有幼患的雌虎或其洞穴时，当人接近老虎的猎物或将其拖走时，尤其是在晚上，人类突然出现在虎面前时，等等。总的说来，有别于印度虎，东北虎并非“噬人成性”，不会不分青红皂白别咬一气。

很多年前北大荒垦区的老职工，都知道一个真实的故事，某知青捡蘑菇，在树林里拣了一只漂亮的“大猫”抱回去，夜半门外虎啸声声入耳，知青们缩在炕上抖成一团，接下来见证奇迹的时刻到了，宿舍的木门像慢镜头一样，如灰尘般土崩瓦解、静静飘落；然后，一头金色的老虎慢条斯理走进来，并未理会人类，直奔那只“大猫”，轻轻叼起，然后带着无边的骄傲，扬长而去。

人类经过深山密林，误入东北虎的领地，人虎相视或对峙引发冲突，这种情况是偶发事件。其实野生的东北虎也是怕人的。如果在野外，东北虎看见人类，尤其是结伴同行的，它会在旁边观察，不会贸然采取什么行动。

最深层的原因，恐怕还是人类的生产生活，大规模侵入了虎的生活领域，破坏了它们的栖息环境，从而引发攻击性虎患事件。在这个意义上来说，人类向山林吹响开发的号角，实际上，就是一种潜在的、严重的猎杀行径。东北虎需要的栖息地范围很大，所以特别容易受到栖息地丧失的影响。人类对野生兽类的伤害行为似在有意无意之间，但对于虎来说，它们赖以生息之地的侵占和破坏，却形同虎口夺食，是绝难容忍的事实。

所谓冲突，乃是指事物存在过程中呈现出来的一种不协调、矛盾表面化乃至发生激烈争斗的存在方式和状态。而栖息地（生存空间），可以用保持距离的方式，隔离冲突。无论动物还是人类，都需要自己的距离感和生存空间，尊重人类和非人类的生存权利，永远都是保持平静与安宁的第一前提。

许多人类定居点的形成，其实都是建立在

湿地（东北虎豹国家公园管理局供图）

迁移和驱逐其他野生动物基础之上的。大量垦荒，会导致野生动物天然食物不足。其他人类活动（比如猎杀猛兽）还会导致野生有蹄类增多、植被遭受过度啃食和破坏，引起一系列连锁性的生态变化。无节制的开发，使人与野生动物的生态位一再重叠，使野生动物的家园越来越小，使人兽正面相遇的机率增大，这才是引发人虎冲突频发更为直接的缘由。

设立东北虎豹国家公园体制试点，在很大程度上，正是为了避免人与野生动物在空间上的重叠，或通过提高栖息地质量来满足野生动物的生存需要，减少对共有资源的竞争。在这方面，我们已经做出了很多有益的尝试，比如扩大保护区面积、修建生态廊道、调整土地利用模式、分区管理等。

与此同时，设立国家公园也会更好地减缓当地人对虎豹等野生动物产生的抵触心理，甚至是一些敌意，通过合理规划和管理，妥善协调自然保护和周边社区民生之间的矛盾。

更进一步说，考虑到人类与虎豹的活动范围的重叠程度，人类对虎豹的伤害，实际上远远超过了虎豹对人造成的实际伤害，所谓“有害动物”实际上是人，而不是虎豹。

可以说，与虎豹对人造成的威胁相比，人类对虎豹的现实威胁远远大得多。

说到这个问题，我们可以将目光，投向更久远的历史，了解一下曾经深刻影响中国的“虎患”。

野生动物肇事并不是一种新生的现象，古已有之。只不过人与野生动物的冲突，触发了我们基因里的遥远记忆。场景变幻，仿佛经历了一场时光穿越的旅行，令人有今夕何夕的恍惚之感。

在人虎交往的历史上，虎也有极为凶残的一面，它会伤人，甚至大量危及人类和家畜的生命，在中国历史上称之为“虎患”。在虎患严重的明清时代，猛虎不再潜伏于深山茂林，而是经常突然出现在村落埠市，方志中经常会出现诸如“连年群虎遍扰各乡，伤及死者五六百人”“虎噬人至数百”这样的记载。最耸人听闻的是，有地区上百人白昼结伴而行，仍被老虎袭击，虎患猖獗之程度可见一斑。在南方一些地区，甚至出现了虎进人退、土地荒芜、村庄变为丘墟的惨况。

尽管虎生性凶残，但上古时期虎并未威胁人类的生存，相反，尤其在东北地区，人们还将虎视为农业生产的保护神，每年冬季腊祀时，虎还是人们祭祀的重要对象之一。在满族的《罕王挖参》故事里说，虎把罕王帽子衔去，罕王随虎同行，虎却指点了一些人参让他挖。关东人崇拜虎，这从他们对虎的称谓可以看出。他们通常不直呼为“虎”，而叫“老妈子”“大爪子”“细毛子”“野猪倌”“老炮手”“老佛爷”等。

清末民初的作家魏声和所著《鸡林旧闻录》，是东北比较早的本土地方志书，里面就有不少关于老虎习性的记叙，如“山中百兽俱有，虎豹为常兽，不甚可畏，往往与人相望而行。人苟不伤之，亦不伤人也。”

明清时期，为了抚治战乱创伤，恢复和发展民生，统治者采用移民垦荒和屯田的办法调剂人力之需。从而形成了对山区的大规模深度开发，垦殖之规模，往往扩大到原来人迹罕至的丘陵山林。此外，明清时期战争多发，往往以争夺城池为目标，造成了城市居民的外逃，山区是最好的避难场所，这也加剧了人对老虎生存空间的侵犯。

为了解决耕地不足，特别是清代中期以后，人们为了躲避战乱、赋役、豪强圈地而大批流徙，政府也只有放松管理，同时提倡垦山，无论山巅水涯，悉听民众开垦，甚至制定政策，给予许多优惠。

随着高产农作物的引进，随着近乎疯狂

的垦山运动，老虎的生存空间被极大地压缩了。比如江西南城，“当日山深谷暗，虎所在多有，近今草辟荆披，人烟稠密，再无藏薮，山民蕃盛，虎则不常见之。”但人们很快就知道，开山、毁林、造田带来的更严重后果，不是“虎不常见之”，而是虎患的爆发。

所以，明清虎患的深层原因，仍在森林。

虎的平均家域，直接与森林覆盖度和猎物丰度有关。明清时期，人类大规模采伐森林和猎杀其他动物，对野生虎栖息地资源的争夺，是导致虎患的一个重要原因。观察明清时期虎的分布区域，显然就是一个森林逐渐萎缩的过程。栖息地被人类不断蚕食，这才是对虎的生存釜底抽薪式的打击。

“虎者风之兽，故虎啸而风生。风以生

东北虎（视觉中国供图）

草，草之柔非露不能滋润。秋天多露，故虎毛滋润。虎毛如草，故以秋而变。”屈大均在《广东新语》中很超前地指出，虎对森林的要求比较高，当然也是对森林破坏较为敏感的动物。不难想象，虎是难以生存在光秃的丘陵或终年积雪的高山之上的。

同样道理，虎也难以生存在现今的蒙古草原或西北荒漠。尽管那里有成群的食草动物，但冬季就没有什么树木可供遮蔽隐身了。

清乾嘉以前，“长林丰草，人烟甚稀，虎狼出没，所在皆是”“长白山麓，周围千里，尽是森林，名曰白山泊子，大树千章，素无居人，自古为野兽之渊薮。”（《奉天省志》）大片的森林为东北虎提供了适宜的生存环境。

到康熙中期，数百万的移民蜂拥入关，

且绝大多数进入了山地较多的厅县从事垦殖、伐木、烧炭、木厢制作、造纸、种植木耳等生产，这些生产活动无一不是以山地林木为原料。为了维持生计，获得巨大的经济利益，新移民不惜以砍伐森林、进军山地为代价，从河谷平原到低山丘陵，再向着高山深壑步步为营地推进，老虎想要藏身已是越来越难。

不仅东北，西北的情况也大多如此。时人已有所察觉，“木宜松、柏、柳、椿、桑、柘、楸、槐、椵、桐、榆、漆、紫柏、青棡，其他杂木皆所常有，数十年来客民伐之，今已荡然”。(《留坝厅志》)有人作诗道：“在昔山田未辟时，处处烟峦皆奇幼。伐木焚林数十年，山川顿失真面目”（王志沂《栈道出田》)。

生态学中有“十分之一”的定律，即在食物链的能量转化中，有2万公斤的绿色植物才能转化成2000公斤的食草动物，才能保证1只200公斤重的东北虎存活。人类猎杀鹿、野猪等有蹄动物，作为老虎食物来源的各种野生动物的数量与日锐减，这也直接导致虎食物缺乏，虎生存受到威胁。

人类在原始山林大量放牧牛羊，与野生动物争夺食物资源，同样严重挤压野猪、鹿等野生动物的生存空间。而到了寒冷的冬季，牲畜全部下山入圈，但山林仍得不到喘息之机，盗猎者蜂拥而入，猎取野猪、狍子等，更加剧了东北虎豹的食物短缺。饥饿的虎不得已下山捕食家畜，而迎来的，则是人类的无情报复。而盗猎野猪、鹿用的猎套、

棕熊一家（东北虎豹国家公园管理局供图）

猎夹等，甚至也可以在无意间杀死虎豹。

虎患日久，官家的杀虎保民行为也在慢慢变味。猎杀的力度越来越大，猎人设置的药弩“矢不虚发，临近诸山皆有获”；人们对虎已经不再是采取单纯的防御性措施了，而是有越来越大的牟利性质在里面。

狩猎活动是可能带来经济利益的。而高强度的狩猎行为，也会使原有食物链逐渐断裂，大型食肉动物便开始屡屡与人抗争。在东北一些地区，资源丰富的府县，要向朝廷进献野物，仅麃皮一年就需几千张。英国传教士韦廉臣在吉林游历时，曾在其著作《中国北方游记》提及有老虎伤人的事件，并提及当地常有黑熊、狼的出没；在主要城镇集市上也有虎皮的贸易情况。在兴安岭的深山老林里，可以看到猎虎、貂的陷阱，以及捕猎野猪的木笼子。

到晚清民国时期，西方猎手通常使用现代化程度很高的猎枪和军用步枪，甚至利用毒药来猎杀东北虎。他们将老虎杀死后，通常会把虎骨卖给当地的中药铺和药材店，虎皮会有专门的商贩人收走，之后会流入宁古塔、吉林、齐齐哈尔等地的皮货市场，然后再流入到北京及天津等大城市。

在宁古塔，一只老虎可以卖上不少于一千块大洋。虎皮价值自然非寻常人可以问津，其中有一种黑虎皮，更是千金难求的珍品。成年雄虎要比母虎及幼虎价值更高。另外，雄虎的须、心、血、骨头、眼睛，甚至是虎鞭均可单独出售。

《饮膳正要》曰："（虎骨）主除邪恶气，杀鬼疰毒，止惊悸，主恶疮、鼠瘘，头骨尤良。"虎骨是白色的，有如猪骨，其中药效最大的是前膝部的胫骨，称为"虎镜"。用虎骨制作的虎骨酒，则据称有治疗臂胫疼痛、历节风、肾虚、膀胱疼痛的作用。还不止于此，虎皮可治疟，辟邪魅；虎须能治牙痛，虎胆虎肾虎牙虎血虎肚虎眼无一不有妙用……

"民愚无识，傍溪之山，迩来开垦不遗尺寸，山无草木，难受雨淋""邑斧松木为薪，旦旦而伐，将来大有童巅之患，不早培植，恐饮桂滋惧也""肆行砍伐，迄今悉属童山"……历代方志里很具现代意识的生态智慧和忧思，青史斑斑，不绝于缕。然而无济于事，在人类活动的强力干扰下，中华大地从南到北，虎的生存愈加困难，踪迹越来越稀少了，其分布区也大为退缩。

我们看到最多的，就是类似这样的记载，“千山中昔年有之，今不见”（《奉天通志》）。“旧记呼兰多虎……在昔田野未辟，林木蓊蔚，固宜有之，自放荒后人烟渐密，阡陌互连，村屯相望，于呼兰境内亦俱绝迹”“虎，猛烈之兽，质斑，尾长，纵跃数丈，鸣震山谷，古有而今不概见”；吉林“山地各县偶一见之”（《呼兰县志》）。残存的大型猛兽，处于饥寒交迫的境地，为了争得生存权和生存空间，只能铤而走险，甚至伤及人畜。

不仅东北虎命运多舛，其他野生动物也是如此。清初，奉天东部山区盛产貂，但是在人类的捕杀下，加之山林渐被流民砍伐，貂已经失去了栖息场所，很多原本产貂的地方已经不见貂的踪迹。向来为产貂重地的黑龙江西部山区，在大规模放垦和森林采伐后，当地的貂已经相当稀少。自清中叶开始“招垦，山荒榛芜日辟，岁虞岁产遂日以稀，搜猎既穷，购索匪易”。

晚清时期的吉林各地，随着人烟日盛，大片牧场和林地被放垦，栖息于此的野生动物也日渐稀少。豹子“森林中偶有之”，狼和狐狸已不多见，猞猁更是“现已不常有”。吉林“各处荒地招放开垦后，山林伐尽，遍处人烟，野牲逃匿，以致鹿茸及各色皮张递见少出”。

东三盟蒙地当时有在春夏秋间打猎的习

惯。但随着野生动物的减少，当地人打猎的习惯也被迫放弃，“狼鹿非集多人不能戈猎，虎豹近亦稀少，冬则闭户闲嬉而已”。总之，在人虎生存领地的边缘区和重合区，越来越多的珍稀野生动物，从清代开始，已然濒临绝迹。

当时光流淌到20世纪70年代，曾经大量存在并自由自在地徜徉于中俄远东边界至朝鲜半岛的野生东北虎，从小兴安岭至完达山、从张广才岭至吉林珲春林区，野外调查所能证明的数量约为180~190只（数据来源马逸清 1983年调查结果）。2010年世界自然基金会（WWF），已将东北虎列为世界十大濒危动物之首。在大山和丛林深处，也再难听闻虎啸。

人“重要”还是虎“重要”

东北虎去了哪里？难道除了动物园和马戏团的铁笼，就再也无处可去了么？

纵观全球，实现人与野生动物的和谐共存从来都不容易，特别是涉及大中型食肉类动物时。人兽冲突现象频发，并不是孤立的事件，即使在现代社会，也是许多物种面临的主要生存威胁之一，同时具有深刻的现代性背景。

据2013年7月8日人民网等媒体报道，印尼6名男子在树林中设下陷阱，一只小老虎落入陷阱身亡，由此遭遇5只老虎的围攻，其中一人被老虎吃掉，其余人爬上大树逃命，被“困树”长达数天。

我行文至此，刚好又看到一条新闻，原来有一个迁徙的亚洲野象群，共有17头野

云海（视觉中国供图）

象，跑到了云南玉溪市区，目前距离昆明只有100公里，而且还在不断前进中（2021年5月30日）。很多人都觉得这事很好玩，但事实上，亚洲象同样是极其凶猛的野生动物，杀人不费吹灰之力，而且受到国家保护，不能对其惊吓驱赶，除非生命受到威胁，更不可能击毙。目前情况不明，也许是野象栖息地与人类村落太近，智商高的大象发现在人类那里找食物更容易。

这样看起来，大型猛兽时下已经越来越频繁地在我们身边出现，越来越有兴趣造访更多的人类土地——当然平心而论，也是它们曾经的家园，但我们对此却仍未有充分的了解以及客观的认知。

有时我们通常将野生动物肇事归咎于自

然保护措施的过于严苛，比如建立保护区、禁猎（没收枪支）等。许多事实表明，一系列生态保护工程的实施使得生态环境好转，而随着保护工作的不断深入，野生动物数量逐步恢复甚至增长，这在事实上导致了冲突事件日渐频繁；这简直是一对矛盾体。

很多肇事物种本身也是濒危动物。从非洲、亚洲一些自然保护的具体实践来看，由于保护力度不断加大，限制了当地社区居民的资源利用与生产经营活动，在一定程度上形成了贫困，并且随着保护范围的不断扩大，区域内贫困人口数量还会继续上升，对于当地政府而言，可以说是按下葫芦浮起瓢。

在国内也有类似的情况。我在三江源考察时就曾听牧民说，前些年一直有牧民因为担心遭遇猛兽的袭击，不敢在某些季节上山，从而放弃了采挖冬虫夏草等经济活动。

人与野生动物，怎样按照各自的方式互不打扰地生活？不能过于简单、理想化地理解，尤其要去除对“人与动物和谐共处”的浪漫想象。某些特定的方案，可能有效减少“冲突”的产生，但并不意味着能解决保护与生存之间的本质冲突。

发源于西方的现代野生动物保护思潮，是一种新的权威主义，有时甚至会极端地认为，当地人的存在本身，就对野生动物构成了威胁，因此唯有将他们迁出保护区而后快。这当然是不可取的。生态保护主义理论必须和环境公正理论结合，方有可能更为全面、更为深刻地阐释生态问题，解决环境问题。

从人进虎退的历史趋势上看，反过来的案例当然也是有的，中外历史上的大规模移民和迁徙，都在开垦新土地的同时，又制造一些新的无人区，这又为野生动物的自然繁衍创造了条件。

所以，人重要还是虎重要，这是一个假问题；调节与解决人与自然、人与政策以及人与人之间的关系与矛盾，才是问题的根本。

或者我们可以进一步说，因为自然是一个不受人为支配的领域，所以，“人与野生动物冲突”，在实质上应该是“人与人的冲突”。人类与野生动物存在的冲突，究其根本，只是表面问题。在其背后，我们可以看到各利益相关的群体都在打着自己的算盘。一个单纯的自然保护主义者，往往会把视线关注到

林海晨雾（视觉中国供图）

次要的层面上。

维柯说，人类心灵有个特点，“人对辽远的未知的事物，都根据已熟悉的近在手边的事物去进行判断”。诸如“肇事”“害兽”“问题动物”等，都是以人类为中心、以人的利益为出发点，“根据近在手边的事物”，对人与野生动物的关系进行定义和描述。这是一种浅视。

实际上，人与野生动物之间的互动是一个问题的两个方面。野生动物既会给当地居民造成带来危险因素，也会给他们带来积极影响，食物链高阶的野生动物，它们对人类是间接有益的。举个最浅显的例子，东北虎豹等野生食肉动物，可以有效控制食草动物的数量，改善山林的生态系统，依赖林下经济生活的人们会因此受益。

所谓生态责任，就是人类对自然整体的责任。无论怎样，在人与兽、人与东北虎豹的矛盾和对峙中，在许多情况下，人类作为生命网中掌握强大科技力量的成员，还是要摒弃自我中心，要为生命网络的健康运作，多担负一些责任。虎豹的世界简单而自然，无非吃、喝、繁衍三项。而人类作为万物的灵长，理应多花一些心血来思考、面对和妥善解决问题。在环境管理时，多付出些成本，也是应该的。

想象老虎的方法

金质黑章，锯牙钩爪，夜视一目放光，一目看物，声吼如雷，鸣震山谷，凛凛然虎步生风；纵跃数丈，百兽震恐。《易·乾》有言："同声相应，同气相求，水流湿，火就燥，云从龙，风从虎，圣人作而万物睹。"虎是威猛之兽，风是震动之气，同类相感，虎啸则群山生风。狮虎的吼声都能传到几公里外远，但狮子吼声偏低沉如闷雷，而老虎吼声偏高入耳如啸风。

虎是森林之中最有统治力的动物，也是王权的象征、力量的象征、骁勇的象征。汉语中的"王"字，就是对老虎前额斑纹的摹写。萨满的传统认为，黄鼠狼可以修成"黄仙"，蛇可修成"长仙"，但仍要算虎的地位最高，他们生而王，死亦神，是一山之长的

东北虎（视觉中国供图）

“山神爷”。萨满祭神，有时请飞虎神，有时请卧虎神。在东北史前地区的岩画中，也发现了大量的虎形象。这些岩画中的虎形象，绝不是为了娱乐或实用目的刻画上去的，相反，显而易见是一种宗教行为。

虎的吉祥意蕴，又浸润着寻常百姓的凡俗生活。举凡剪纸、刺绣、香包、布偶、被枕、衣鞋等等，虎之意象随处可见，是在潜意识里将虎当作保护神。民间尤其相信虎对儿童有保护力量，虎鞋、虎帽、虎枕、口围以及放在枕边的虎布偶，都是中国长辈对晚辈的最深祝福。

虎和人尽管习相远，但却性相通。比如在中国的古书里，虎就具备别的猛兽所罕有的三个特点：一是辟邪，《风俗通义》中谓：

“虎者，阳物，百兽之长也，能执搏挫锐，噬食鬼魅。”二是虎能听佛法，具灵善之性；三是虎能感应人间善恶，维持正义。有时还是社会政治清明与否的指标；所谓上治之世，猛兽不扰，益烈山泽，而周公驱虎豹，使人掌川泽山林，猛兽毒物各安其所，无为民害……

梁启超先生认为，伏羲其实就是虎的化身，中华民族的伏羲文化是全球最古老的文化，寄之以身，托之以命，祷之拜之，百邪不侵。

汉字的“王”就源自虎前额的花纹，虎皮要铺在宝座上，以显示至高无上的地位。一方面体现了社会对于“百兽之王”权力的敬畏与崇拜，另一方面说明只有具有像虎一样的正义与力量，才能算作是真正的王者。

到了周朝便有虎贲或虎臣之类，并在军队的头盔、兵器及刑器上雕饰虎纹。战国时期的兵符（军令）呈虎形，其象征是人面、虎爪、白毛、手里握着钺（刑具）的天之刑神，因而虎在此时，是秋季结算收成、替天行刑的角色。我国古代把处理军机的地方称作“白虎堂”，把将帅的营帐称为虎帐，“柳林春试马，虎帐夜谈兵”正是古代军旅生活的画风。在战场上，自然也认为虎最具腾腾杀气与肃杀之意。总而言之，虎被中国古人赋予了浓厚的文化意味，已经成为某一种精神品类的象征了。

历代文献包括地方志里，记载了许多高僧以佛法降猛虎的故事。显然在国人眼中，虎具有一般低级动物没有的灵性与佛缘。顺治年间黄宗羲来到庐山，一路鹿蹄豕迹纵横，合抱之材漫山遍野；至白鹿洞书院，“时已薄暮，虎声震地”。泉水淙淙，树木横斜，雾气掩映，草木深茂的人文胜地，竟然虎迹纵横，由此可见虎之灵善。类似记载，充斥历代文献，就连地方志也颇多高僧与猛虎亲近交往的记载。

今黑龙江省东部与吉林省中东部一带，人们对虎敬畏，当作山神崇拜；故有“祠虎以为神”之说，从自然史的范畴进入到文化史的范畴。究其内里，是人认为虎能感应人间是非善恶，并有驱赴神明的灵性。“仁兽”“义虎”的形象，屡屡出现于历史文献中。“方才说虎是神明遣来，剿除凶恶，此亦理之所有。看来虎乃百兽之王，至灵之物，感仁吏而渡河，伏高僧而护法，见于史传，种种可据。”（冯梦龙《醒世恒言》之《大树坡义虎送亲》）蒲松龄的《聊斋志异》中，也有多个“义虎”的故事。

呼啸山林之后，猛虎常会击掌留痕于山石巨木，时人或百兽见之，谓之“挂爪”，无不心惊胆寒。无论是“挂爪”传递何种话语，都是王者不容置疑的宣示。

在漫长的进化旅程中，在自然界，在地理、气候环境的快速变迁中，物种演化的剧目未曾止歇，有些会衰亡，有些会新生，有些会变异。从第四纪晚更新世以来，东北虎就与披毛犀牛、猛犸象等大型动物伴生在今天的东北地区。今天的东北三省都有东北虎

雾凇（东北虎豹国家公园管理局供图）

化石的发现。在稳态环境中，古老的物种会静静地存活下来，一直存在到未来。

《周易·系辞》有曰："圣人立象以尽意"；荒野一词，在词源学上的意思本就是"野兽出没的地方"；虎豹出没，山川原野才具有最真实自然的美丽。

"荒野"一方面是空间概念的原野，涵盖了河流、山川、沙漠、戈壁、树木、花草、鸟兽虫鱼等更广泛的内容；同时也可理解为人与野生动物共栖之地，停伫着人类与万物生灵的精神和命运。那里是世界的本来（野性）面貌，是生物圈的真实内涵，是自然的纯粹状态和本真状态。物候、星象、季节、生存、繁衍……人与野兽与荒原上原本共同存在，共同经历和承受。

人与野生虎豹相遇，有助于“恢复对人生价值的形而上追求”，才能和“根源”一起，共享它的永恒性和超越性，获得生生不息的力量——只要你能够“与野地上的一切共存共在，共同经历和承受”。

大地上还有虎，这本身就是一件好事，是上天对人的一种嘉许与肯定。无须表达，无须有什么作为，只是“虎还存在于大地上”这一事实本身，就是人的一种胜利。从更高存在的目光看来，虎正是人类纯真性的象征。虎在大地上，这个大地就还有希望。没有虎啸豹影的山林，必将失去高贵美丽的魂魄。

虎是人类的一种情结，对人而言，人虎相遇是一种极致体验，当此之时，人的社会性被突然削弱，人本身的自然性这一问题被突然间提到眼前。在狰狞险峻的生活环境里，或是在宁静舒适的现代生活中，人与虎的即时性相遇，才会让我们更深刻地思考人类的命运和境遇。

而虎的濒危，则是人对自然本身价值的漠视，因为这一事实，是对物质文明的过度崇拜所造成的。人类始终缺乏的，其实是一种对天地自然的信仰，而自然才是能够无视和超越一切功利的、无言的大道。

虎作为山林中的王者，是属于这个世界的绝美风景，是某一种精神哲学的生动载体，在历史的演进中，虎的存在赋予人类文明以别样的身份和意义。荒野是人类的童年，文明的故乡，荒野中有虎，就是上苍为人类开启的返乡之旅，让人类谛听自然、审视自我，同时增长希望，安抚不安。把自然交给自然，让美丽恢复美丽，放野性回归野性。在此时，虎的含义，就是野性的自然，虎的家园，就是人类的家园。

东北虎更具有一种人类学的意味，包含着关于自然信仰、环境伦理和生态审美价值的认同。它既隐喻了东北地区的文化地理空间，也呈现出中、俄、朝等国家、多个民族的历史记忆、生活史、人物志和风物志。

人不是完全顺应于自然的存在动物，他能够对社会与自然的存在，构造出一种别样的含义。对所有的自然存在而言，人都可以在长久的沉思与遥望之后，赋之以另一种蕴含、造型和意义，并使其融入人类的思想意

天池（视觉中国供图）

识中去。

所以我常想，将更多的东北地区的自然区域，因地制宜地构建为种种受到保护的生态文化空间，应当是一个不错的思路。就类似东北虎豹国家公园，这样的环境空间又古老、又现代，呼应着东北工业、商业属性日渐衰落的状况，更蕴涵了不少现实性的合理因素。

这样的思考，不是刻意为之，是基于对东北本土和自然本身的认知而生成，这样的生态空间，是良性本土文化与真实的民间社会结合后的崭新空间。这种有些相对主义的思考，我觉得能够帮助我们，去深入理解人类生活的不同可能性，能够换一种思路去理解东北所遭遇的时代问题；也包括对人与生态环境关系的重新理解。

关于“人虎冲突”，最好的办法，就是用“共存”取代“冲突”。与其使用“冲突”一词表达人类与野生动物之间地互相伤害，竖起一块块充满敌意的警示牌，不如使用“共存”作为解决问题更具建设性的表达。

我们无须为自己打造一副超自然的臂膀。在繁复多彩的关乎自然的乡愁中，蕴含了理想与希望的人类生活方式。人并非是以一种固定的姿态与山川、江河、虎豹等自然万物融合在一起的，但又与这些要素不曾真正分离开过。如生态学者布伊尔指出，“世界是一个内在动态的相互关联的网络”，不管是人类还是非人类，都不能脱离这个关系网而存在。

老爷岭的峰顶被落日的余晖染成一片金黄，在远处深蓝色天空的衬托下，仿佛是在静静地燃烧。山林远处的村庄里，白昼的生活渐渐平息下来，夜幕降临了。树影更加浓重，连绵起伏的草场和峰峦，一点点陷入黑沉沉的夜色中。

如贝斯顿所言，“在生活与时光的长河中，它们是与我们共同漂泊的别样的种族”；虎与人的故事，将人与自然的一系列问题突显出来，也为人类提供一种别样的、自我观照与自我省思的可能性。昔日东北虎出现的各种危机，今日东北虎豹国家公园体制试点区的建立，也许在是同时向我们提示，人类有着对黄金时代、伊甸园以及精神故园的深层渴望，以及永不泯灭的信念。

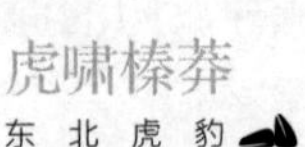
虎啸榛莽
东 北 虎 豹

伤　逝　与　省　思

“北方各民族萦怀于心的不是逸乐而是痛苦，
他们的想象却因而更加丰富。大自然的景象在
他们身上起着强烈的作用。”

斯达尔夫人 《论文学》

美国著名汉学家欧文·拉铁摩尔很早就从地缘政治的视角，来看待中国东北在历史演进过程中所处的地位和影响，他曾于1929—1930年游历东北全境，考察了当地穿着鱼皮制衣的居民（“鱼皮鞑靼人”），走访了诸如沈阳、大连、吉林这样的大城市，出版过《满洲：冲突的摇篮》等一系列著作。

拉铁摩尔当时就敏感地意识到，东北将成为新一轮列强争夺之热土，“在这种争夺当中，那些将帅和政治家都只是历史的匆匆过客，传统、生活、种族和各个地域在面对各种文化与民族时维护自身的努力，以及民族和文化将它们自身强加到各个种族和地域之上的努力，这才是历史真正的本身”；而“人种、传统生活方式、文化等都会对满洲历史的发展产生影响”。

在之后的著作《中国的亚洲内陆边疆》里，拉铁摩尔则分析道，“过去的东北地区各部，从来没有完全互相同化过。政治中心随着草原、森林或南部农业民族的兴衰而转移。因为这个原因，中国的历史文献没有讨论过整个东北地区”。每一个入主中原的北方马背民族，都保留着某些为自然环境的影响所引起的特点，而东北在历史的兴废中为多方角力之场，难免成为兵燹之地。王朝如风，草原和森林是真正的主人，是东北区域政治幕帷后最宏大的背景。

作为自然资源，东北地区的森林是中国著名的林海，面积广大，质量优良，大部分位于低山丘陵地区，易于采伐和运输。不但林产丰富，而且树种多样，可以满足不同生产的原材料需求。直至19世纪中叶，一望无际的原始面貌始终未改，是中国东北地区天然的巨大财富。

19世纪末，沙俄修建中东铁路，在东北曾驻扎有两万余人的俄国护路军，从那时起，东北原始森林的梦魇才真正到来。

中东铁路所需的枕木几乎全部以红松和落叶松为原料，红松木材轻软、细致，耐腐蚀性极强，而落叶松则贵在坚实，有极好的抗压、抗弯曲性。筑路期间，大面积森林资源被以修路之名掠夺，“自兴铁路之役，凡铁轨下的枕木，锅炉所用的木柈，以至上者为屋宇，为桥梁，下者为樵薪，莫不取资于森林”。（《东三省政略》）

秋染林海（陈化鑫 摄）

俄国人性情粗放，对树种、树龄、树之生长习性等，概不关心，只知刀锯伺候，所到之处，一片狼藉，原始森林惨遭洗劫，百年古木转瞬倒毙，等他们离去时，剩下的只有一些次生林。北满一带“自古留遗之良产，不及数年，欲寻所谓窝集之胜，概渺难再见。”在20世纪初的20多年中，从满洲里到绥芬河的中东铁路两侧百里范围内的原始林已经被砍伐殆尽。

实力雄厚、装备先进的欧洲猎虎队也乘虚而入，直接捕杀体型最大、体态丰满、被毛最长的东北虎。据一位俄侨科学家透露，仅俄罗斯的猎人通常每年就会在中国猎杀50~60只老虎。宁安及珲春等地，是俄罗斯猎人收获最多的地方。俄国人对东北虎的疯狂猎杀，也是导致老虎数量锐减的重要因素。

在俄侨作家巴依科夫的小说《虎王》中，作者借从小在密林生长的虎王经历，带出中东铁路建设前、中、后的密林环境变化。小说尾声，15岁的虎王伫足高岗，怒视中东铁路叱咤横行“满洲”大地。据此可以看出，这篇小说的故事时间，正是中东铁路全面启动营运的1903年。在小说中，作者借“走山人”之口感慨：“再过一二十年，那些美好的原始森林将会消失，不留下一个树墩。再也没有什么美丽的景色、广阔的空间和自由自在的生活。”

光绪三十一年（1905）5月，日俄战争开始不久，日本侵略者也开始直接插手鸭绿江流域的森林采伐。1910年起，日本获得多项铁路修筑权与矿产开采权；伪满洲国建立后更将东北森林资源的采伐权、贩卖权、木税权操持于手。

中日合办木植公司对鸭绿江流域的森林“只伐不栽”，原有的天然森林遭到大量采伐，在采伐过程中，日本人为了直接获得合用的木材，全采鲜树，完全不利用枯木，并且全无任何采伐规程约束。面对如此丰厚的资源，他们表现得愈发任性，看中哪棵树就伐哪棵树。有些树木在砍伐后架茬不倒，搬运起来可能要多费点事，日人竟然会就此放弃，另行采伐，而对这已然伐倒且完好无损的树木，就此放弃不用，看都不会再多看一眼，完全不考虑是否太过浪费。而如果伐倒后发现材质略差，当然更加地不屑一顾。

至于梢头木，更不会加以利用，随伐随丢，综合利用是根本不存在的事情。

伐树时，为了方便，选择一个合适舒服的姿势就行。当然是站立着拉锯最舒适，结果导致伐根很高，有的甚至超过1米，极为浪费。这种野蛮采伐的方法，致使林场倒木横躺竖卧，架挂歪斜，漫山遍野一片狼藉，杂乱不堪，甚至连黑熊路过，都会走得跌跌撞撞，相当费劲。

东北森林殖民开发的规模化，普通铁路与森林铁路的延伸，还相应刺激了制材、造纸、纸浆、林产化工等林产工业的兴起，形成林区江河一个个重大的污染源。

“巨木良材日渐减少”，东北森林在沙俄手中几近砍伐殆尽，但这还不算完。侵华战争烽烟一起，日寇更为变本加厉，为防抗联林中奇袭，“多将森林焚烧砍伐。同时由于敌机轰炸，亦引起许多森林火灾”。凡被战事波及的东北各省，满目疮痍，“所有林木几近被焚毁砍伐，至原有营林机构，亦大部停止工作”。

民国时期，整个东北地区的各个林区都受到了极大伤害。大量的原生林永久消失，一些名贵的树种，如红松、杉松以及水曲柳、黄波罗等大幅度减少。森林、动植物之间是相互依存的，随着森林资源的减少，动物数量也所剩无几。

有“万鹰之神”之称的海东青，作为满人的最高图腾，被认为是飞得最高最快的鹰，影迹难现。林栖动物的栖息地骤减，日益呈现孤岛状态。东北虎豹的生境更是支离破碎，严重危及生息、繁衍。曾经“万山皆有”的东北虎，在很长的时间内，当地走山人都难以寻觅其踪迹。

东北虎的栖息地包括黑龙江北部的小兴安岭、东部的完达山脉、吉黑两省之间的张广才岭、吉林北部的威虎岭、牡丹岭、南部的长白山和老岭，而在伪满洲国初期，日本人就在黑龙江等地挖了大量的地洞和地堡，仅存的东北虎早已被压缩到分散的小林区，这一情况一直持续了15年，直到日军投降撤出东三省。

一个地区的森林形成什么样的树种结构，形成什么样的生物群落，与这一地区的土壤结构、气候特点、生物圈构成有着密切的关系，是自然界千百年进化的产物。在进化的过程中，不同的生物经过不断的淘汰、再生和繁衍，和周围的环境形成了相互依存的共生关系。

而一旦无度开发，破坏了整个森林生态系统，就会带来一系列的自然灾害。

随着木林被破坏，水土流失加剧，很多河流洪灾频发。除了水涝灾害，风沙也是森林流失的重要恶果。关于沙尘暴，略举当时这样一则记载：

“1937年4月8日，安达第二区刮一场特别大风，当地农民称‘黑风’。当时在田地里耕作的农民发现北面天边有一堵长长的‘黑墙’，由北向南而来，越来越近，原是大风卷着黄沙，铺天盖地呼啸袭来……白天同黑

林海雪原（视觉中国供图）

夜，历时3个小时”。(《绥化地区志》)

这种东北地区原本不太常见的天气现象之所以会突然出现，正反映出森林消失引起的土地荒漠化的典型症候。森林遭遇劫难，防风固沙的作用自然会被严重削弱，风沙也就不可避免了。

森林环境的破坏，会造成物种的减少，会导致大型林生动物熊、虎、豹、鹰等一步步后撤甚至逃散。大水、地震、饥役、蝗灾、淫雨、冻灾、旱灾、雨雹等次生灾害频发，也会弱化、威胁虎豹的生存条件。林中的野生动物失去天敌，开始大肆泛滥，流窜各处，病毒也就随之泛滥起来。

曾经有很长一段时间，东北一些林区在沙碱地化后，大批当地居民得上大骨节病，手伸出去像斑竹节，粗脖子病患者很多，转转脑袋都费劲。举世震惊的东北鼠疫，时人称“地无完土，人死如麻。生民未有之浩劫，未有甚于此者”；未尝与清末黑龙江和鸭绿江流域的森林开发无关。20世纪中期流行于黑龙江克山附近的克山病，也是源于其附近的森林被长时间大规模破坏后，居民饮用水失去了森林的自然过滤，水质恶化而逐渐形成的。

森林的世界是自然性的，渴望生存、渴望繁衍，生命力旺盛，赋予万物生灵以生命、营养、温暖和保护。作为一种纯净的自然符号，森林看似远离任何时代叙事，但其本身可以成为撼动人心的民族意识形态符号。“森林”就像是“民族”的脊梁，忍辱负重，承担着一个民族所有的苦难。

在近代经受过的这一场又一场的劫难中，东北森林不仅充分展现了森林生态的脆弱性，也喻示了与战争等人类恶行的相异性。人类的精神生态和外在世界发生联系，不只是生态环境问题，人与自然之间的关系也在精神生态的作用下发生，两次世界大战的产生，也可以说，是人与自然之间关系的异化、恶化而最终引发的。

“美索不达米亚、希腊、小亚细亚以及其他各地的居民，为了想得到耕地，把森林都砍完了，但是他们梦想不到，这些地方今天竟因此成为荒芜不毛之地，因为他们使这些地方失去了森林，也失去了积聚和贮存水分的中心。阿尔卑斯山的意大利人，在山南坡砍光了在北坡被细心保护的松林，他们没有预料到，这样一来，就把他们区域里的高山畜牧业的基础给摧毁了。他们更没有预料到，这样做，竟使山泉在一年中的大部分时间内枯竭了，而在雨季又使更加凶猛的洪水倾泻到平原上……因此我们必须时时记住，我们统治自然界，决不像征服者统治异民族一样，决不像站在自然界以外的人一样，相反地，我们连同我们的肉、血和头脑都是属于自然界，存在于自然界的我们对自然界的整个统治，是在于我们比其他一切动物强，能够认识和正确运用自然规律。”（恩格斯《自然辩证法》）

东北森林曾是古木参天、遍地奇花异草、狍子走野、野猪撒欢、山鸡遍地、鲟鳇翻花的自然乐园。一望无垠的冰原、遮天蔽日的林海，千年以降，斧斤不施，山峦郁郁葱葱，绿色弥望无际。鸟语花香，宿雨滴琴，林中长啸，群山响应。这些不光是自然界的美景，更是大自然向人类展示出的多种善意，以及意味深长的启示，让人们能够感知自然界的深邃与美丽的同时，能够有所领悟。

而东北森林的风云史，就是一部全球原始森林受难史的缩影，借由东北近代历史的百年沧桑，其细节之处被放大，就如《皮袜子故事集》中对“最后一个莫希干人”的描述：“面临着文明的推进，也可以说，文明的入侵，就象他们故土林木上的绿叶在刺骨的严寒侵袭下纷纷坠地一样，日益消亡，看来这已成为落到他们头上的不可避免的命运。”

对于森林中走出的北方民族而言，他们就是森林之子。在自然界简朴而深邃的秩序里面，他们生活在森林中，恰如僧人生活在寺庙里一样。我们回望过往的盛景，对人类与森林的关系进行了无声的思量。那里封存着人类对家园梦想的领悟，蕴涵着对人类历史与未来走向的追问。森林中的岁月与思索，足以超越人世间的混乱与劫毁，是人类家园一次次能够得以重建的根基。

《虎王》：一个参照阅读的文本

哈尔滨素有“东方莫斯科”之称，它是连接俄罗斯、欧洲和远东地区的中东铁路的中心。在哈尔滨，一个游客乘坐的汽车，可能行驶在一条以欧洲名人命名的公路上；途经的巴洛克风格或意大利文艺复兴风格的街景，会令人应接不暇；被月光、霓虹灯和冬青树丛所笼罩的朦胧光晕下，可以看见日本赤松环绕着的殖民时期各国商人的办公楼、风情迥异的索菲亚大教堂、光影迷离的中央大街。

民国时期，沈阳渐成工业重镇，哈尔滨的金融动态左右着远东的金融态势；北平、上海拍发到欧美的电报需转经沈阳；长春曾是亚洲近代唯一一个比东京还先进的城市。这一切，都得益于一条铁路——中东铁路的诞生。

铁路，象征着时间和空间的工业化。到1928年，在哈尔滨已经可以订购直通欧洲各大城市的火车票。大大小小的城市，开始在“T”字形的中东铁路沿线及其密布的支线铁路周边生长繁盛，沈阳、长春、哈尔滨、大连各有各的故事。

时钟拔回到1898年，第一批俄国铁路工程技术人员乘船从哈巴罗夫斯克沿着松花江到达渔村哈尔滨，在这里安寨扎营。他们随意使用自然资源，并逐步建立民房、教堂、学校、医院、银行、墓地，设立警察、法庭、报社等，短短十余年，哈尔滨就被这些流亡的俄国侨民建成了一座具有浓郁俄罗斯风味的城市。因为中东铁路的初步建设，移居哈尔滨谋求发展的俄国人更逐年递增，根据1903年的统计，哈尔滨的俄国人占全市总人口的35%。

当大量俄国侨民分批来到哈尔滨的时候，那里还是松花江边一个荒凉的萧瑟寒村，“松花江畔，不过少许渔家，历历可数”。在一个初到东北的俄罗斯人眼中，哈尔滨别无长物，只是自然条件好，“一片旷野，杂草丛生，水泡星罗棋布。”

在接下来的二三十年间，因为战争的缘故，又有大量的白俄和欧洲流亡者来到哈尔滨。战前在世界上非常著名的演奏团体或作曲家，多半都是出身于白俄。流风以降，惠延百年，哈尔滨的艺术水平一直非常高，尤其是在音乐方面，被称为“远东的维也纳”。流寓东北的俄国贵族，将流亡的苦难和沉郁的情感全都寄托在艺术之中，以慰藉自己充满血泪的人生，不期意间却造就了一个“远东艺术的摇篮”，也成为东北城市深厚文明积淀的一个重要因缘。

东北与俄罗斯毗邻，对大自然的关注和面对自然的人性思考，是俄罗斯文学传统的重要主题之一。恩威并施、苦乐相交的大自然，是考验人性、激发思想的苦役之地，而文学是审美的活动，美使现世的幸福与苦难都获得了意外的延展。普希金、费特、屠格涅夫、布宁、普里什文、阿斯塔菲耶夫，都是俄罗斯大自然和心灵的歌手。他们的作品闪耀着俄罗斯广阔原野与大森林的诗意光泽，那里是他们创作激情的源泉。

“虎”同样是俄罗斯文学的主题。巴依

科夫的小说《虎王》，饱蕴对东北森林的深情，以俄侨作家的身份与一己之力，将东北森林变为具有独特象征意义的文化符号。及至20世纪40年代以前，其作品已被翻译成德、英、法、捷、意、波兰等多种文字，在欧洲享有极高评价，评论界将他的文学成就与屠格涅夫并比。

当时，哈尔滨的俄侨文学创作已大略可归于20世纪前半叶黑龙江地方文学的范畴，尤其对于巴依科夫这样之于中国文化沦肌浃髓的创作者，可以说，完全已经有资格成为中国文学的组成部分了。

1872年，巴依科夫出生在乌克兰基辅一位法官的家庭。青年时期就读过圣彼得堡大学，专业是自然史学，后转入军官学校。毕

雁鸣晨曦（岳希洪 摄）

业后他在高加索近卫军步兵团当军官。当时该团团长尼古拉·米哈伊洛维奇是位民俗学家，爱好野生动物，后曾担任俄国皇家地理学会会长。当时有一支狩猎队专门为他收集各类动物标本，巴依科夫也身处其中，这个经历给他一生都造成了很大的影响。

1887年夏，巴依科夫陪同父亲拜访亲友，结识了著名的地理学者兼探险家普尔热瓦利斯，获赠《乌苏里探险记》一书，并赠言于他："让这本书成为你前进道路上的路标，如果你能到东方去，那就写出它的续篇。"普尔热瓦利斯是帝俄时期闻名于世的探险旅行家，足迹遍及乌苏里、西藏等地，在第五次前往西藏旅行的途中染病过世。

普氏的赠言仿佛命运的指引，1910—

1914年间，巴依科夫前往中国东北中东铁路东线段服役，这个跨越国境的勤务调任，成了影响他一生志业与命运的关键。

他曾统管有250名士兵的中队，因中队常出任务猎虎，"虎中队"的别名不胫而走。"受俄罗斯科学院的指派和命令，在对远东二十年的考察时间里，我花费了大量时间在这一荒凉的地区追猎大型猛兽。当然，首当其冲的就是满洲里原始森林之王——老虎，而且猎虎还是在各种条件、各种形势下进行的"。这是巴依科夫的自述，当然正是这段经历，使巴依科夫目睹了屠杀老虎的血腥和残忍，促使他从心底反思、忏悔，以后更彻底放弃了捕猎东北虎的活动。

他开始转向科学考察与文学创作，东北

原始森林给他提供了良好的环境和机缘，也帮他避开了外界纷繁复杂的战争和变化多端的国际局势。他把自己的身心，完全融入东北的山林中去。

1914年，巴依科夫将多年来对东北原始森林的探察札记、插画、纪实摄影，集结成《满洲森林》一书，在彼得堡付梓，来年再版。这是较早向俄国读者介绍中国东北森林的专著。此外巴依科夫还有《四处流浪》（1937）、《密林喧嚷》（1938）、《篝火旁》（1940）、《梦境般的真实故事》（1940）、《牝虎》（1940）、《我们的朋友》（1941）、《满洲猎人日记》（1941）、《树海》（1942）、《密林小径》（1943）、《忧郁的大尉》（1943）等多部作品。

在巴依科夫的笔下，有满洲的捕兽人、采参人与林中隐士，有俄国的猎虎队长、外阿穆尔狭长半岛的边防军、哥萨克和中东铁路的俄国铁路工人，还有不少令读者意想不到的种种经历，会遇到东北虎、猎俐、马鹿等各类东北特有的珍稀动物。

在东北小兴安岭和长白山之间，有著名的张广才岭和老爷岭，这一带的山水粗犷沉雄、风光旖旎，属东北山林风景之最。广袤神秀的山水凝聚的山魂水魄，熏染并陶冶了作家的心理人情，其间孕育的森林文化，更是强烈影响了他精神性格的流变。《虎王》（包括他后来的一些作品如《牝虎》等）在文中都是采用当时东北地区的原名，把张广才岭、老爷岭、小兴安岭和长白山的景致真实地展示给读者。

《虎王》里的主人公就是一只雄性的老虎。这本书不是童话，而是一部关于森林之王：东北虎的充满诗意的真实叙述。

故事背景设定在东北的张广才岭，主峰叫大秃顶子山。这里风景绮丽，堪称温带风景之最。在此山的密林深处，一头待产的母虎为了孕育后代，寻找了一处远离走兽猛禽与人类威胁的安全巢穴。

幼虎逐渐成长、学习捕猎，在云天之外同鹫鹰为邻，过着无忧无虑的原始森林生活。

幼虎初长，“宽平的额头上显示出一个‘王’字，颈背的厚毛皮上现出一个‘大’字”“大王”二字就象征着“群山和林海的统治者”。虎王的“骨骼则在不断的锻炼中变得像硫化的橡胶和淬火的钢那样坚韧”“它可以不费吹灰之力在一昼夜之间沿着山脊穿过丛林走上一百至二百公里”“它的吼声盖过了所有其他的声响，隆隆地在山谷中轰鸣，犹如远处的惊雷。”

仲夏的林海富饶繁茂，育养无数动植物；年轻虎王离巢独立，和黑貂、野猪、熊、马鹿斗勇争狠，相爱相杀，沉浮于强者生存的自然规律之中；因自己的伴侣误入陷阱身亡，愤怒至极的虎王决心履行丛林法则，扑杀过于贪心的猎户。

幸福的日子似乎总是过于短暂，这一日虎王雄踞黑龙江岸悬崖，俯视兴安岭支脉的云杉树海与江水滔滔，意外发现，在过去野兽可以自由自在地转悠、马鹿可以大声吼

东北虎（视觉中国供图）

叫的地方，有轮船拖着满载木材的平底船沿江驶过。不久，外来人正从北面修建一条铁路，穿越了群山和林海。再过了一段时间，从早到晚，都有一条巨大的“火蛇”沿着钢轨奔驰，发出轰隆的声响，惊天动地的呼啸打破了森林的肃穆。

虎王惊奇地呆立了半晌。它长时间地看着自己从没有见过的景象。它想起来了，数年前它跟母亲和妹妹一起在这里游荡的时候，这一带茂密的森林中曾经发出过莫名的喧响，然而又看不见人。唯有那个角落里有一幢简陋的堆子房，它时常经过那里去捕猎，然后再返回在锅盔山的家，可是如今，那里却耸立着一座可怕的大建筑物，不停地轰鸣，许多窗户灯火通明。虎王接着发现，过去熟识的猎户、“走山人”等，现在都不见了，虎王后来得知，他们都被赶到更远的荒山野林。虎王对这样的环境变化感到愤怒。巴依科夫透过虎王之眼，呈现了资本主义入侵对于东北森林产生的巨大影响。

前所未见的景象令虎王无法接受，它一步步退回自己居住的河谷，然而自己的栖息地也矗立起了震耳欲聋的锯木厂，轨道上爬行的怪物“两只如眼睛似的聚光灯用耀眼的强烈光线划破了黑暗”；它意识到林中统治权已遭夺走，对伐林建路、破坏栖地的“外来人”生起越来越浓重的敌意。

车站灯火煌煌使明月无光，机械的噪音压倒了虎王非常熟悉的密林喧嚣。它站起身来仰天长吼，然而昔日令百兽震恐的咆哮，如今已无人理会，也无人听见——大型火车头汽笛的嘶叫和工厂锅炉的蒸汽声，完全淹没了虎王的怒吼。那一刻，它分明听见，“原始森林在呻吟痛哭”。

为了发泄怒气，虎王袭击了一名上山猎虎的俄罗斯哨所士兵，当地猎户并未因此事心生恐惧，反倒感激“大王为他们主持公道，对那些破坏古老森林神圣的安宁、糟蹋狩猎场所的外来人进行了报复”。

书中的“外来人”，正是修建中东铁路的俄罗斯职工与执勤士兵。

后来又发生了很多故事，几个老猎人商议将无视森林法则、盗取猎物的猎户献祭虎王，彰显虎王才是山林中古老法律的执行者，接着虎王向“所有灾难和痛苦制造者”

的“外来人”宣战。虎王枪口中枪，“从它的伤口流出了暗红色的血，渗到土地里”。

虎王强忍剧痛缓步走回山中，用尽最后力气攀上大秃顶子山的顶峰，将头枕在脚掌上，双眼瞪视远方，生命之火在它的眼里渐渐熄灭。它生命里的最后时光如此庄严肃穆，深山老林里一片缄默。

“太阳像一个红色的火球一般，沉坠到群山远处的雾气之中。它那斜射的光辉在悬崖、岩石和猛兽的头上留下了血色的斑点。”虎王“纹丝不动，好像一尊花岗岩的雕像”。尾随虎王上山的老猎人佟力，被这一幕震慑住而良久肃立，直到日落月升，繁星闪烁，远方传来如歌的松涛。

最后，老猎人于朝阳初起时走下山，消

失在苍茫林海。

可以看出，虎王正是东北美丽山川的化身，是东北大森林之子，是张广才岭、老爷岭、小兴安岭之精魂所孕育、是长白山万兽的优秀代表，是天地自然与人类和谐的产物。如作者在篇尾所说，“有朝一日，大王要醒来。它的吼叫声会隆隆地响彻群山和森林的上空，引起一次次的回声。苍天和大地均会受到震动，神圣而又灿烂的莲花将会展瓣怒放。”

《虎王》为巴依科夫带来了世界级的声誉，他被各国文学评论家誉为“有史以来最优秀的自然小说家”。尤其难能可贵的是，虽为流亡作家，但毕竟是俄罗斯人，甚至还曾出任中东铁路的护路官，捕猎东北虎的“虎队”队长。

尽管如此，巴依科夫还是对于俄国名为借地修路，实为利益掠夺与自然资源开采的行为，有所觉察并作出自省和悔悟。这正是鲁迅先生所谓“自在暗中，看一切暗”的警醒与自觉，殊为难得。

在《虎王》中，巴依科夫借一只东北虎的眼光，对现代化发展进行质疑与提问，尽管《虎王》中没有提及任何时代中的大事件，但小说中中东铁路修筑这一史实，坐实了全书写作的真实背景，作家显然并不是到东北森林里，专心过一种单纯的避世生活。《虎王》也因此超越了国家的限度，挑战了人类威权，并借此对在东北展开现代化、掠夺性建设的俄、日政府进行了无声的谴责。

东北虎（视觉中国供图）

或许是密林消逝、荒山遍地、虎豹匿迹的自然变迁，使巴依科夫再无法将俄日两国“满洲”拓垦、铁路建设的行径理想化。相反，他被虎王“失乐园”的痛楚所牵动，久久不能释怀。东北森林分明是在遭受创伤，正在经历着难以言说的战争所带来的痛苦变迁。很多年后，当成名之时，巴依科夫刊登于《华文大阪每日》的随笔《不变的千古之规律 顺“树海”者生逆者死》，更直接地赞同密林树海支配万物的至高权威，以及不因强权而动摇的严酷密林法则；对日本政府伪满洲国的开拓政策进行了直言不讳的批判。在文明与反文明、外来人与原住民、殖民者与被殖民者之间，巴依科夫做出了自己的选择。

《虎王》的主角是老虎，这部关于野

生动物生存环境变化史的书，是一部东北森林野生动物的生存史，也是那一代关东人的“文明”发展史。虎王经历出生、成长、独立、争逐、恋爱、漫游、归乡、复仇、死亡等生命阶段，读者也与这位统驭东北林野的王者，见证了四季递嬗与世道变迁。舞台的背景就是广袤的森林——在那里，树木和草类植物养育着食草动物，食草动物又是食肉动物的食物来源，动物不断的排泄又为草木做了肥料，昆虫又为植物传播花粉……

树木也是如此。树叶凋零之前，会把身上所有的糖分、叶绿素等有营养的成分还给树身，树叶落地后又通过蚯蚓搬运到土中，化作对植物有益的壤土，以供养后代。

特定动物群体周围植物种群的生态健康

状态，直接决定着该动物种群之生存质量。反之亦然。在特定空间阳光、雨水等重要生存资源有限的条件下，各物种间采取了因势利导的生存策略，没有胜利者，没有失败者，他们只是共同出演了大自然导演的生命大戏。巴依科夫在《虎王》中，也把整个东北森林描绘成一出整体的戏剧，置身于这整体中的所有动物，包括野猪和鸟类，都和虎王一样，具有同一性的心理体验方式和思维能力，都按照大自然的法则，和谐地生存着和发展着。

巴依科夫的人生经历和他的作品密切相关，这个笔名"鼻眼镜""外阿穆尔人""跟踪捕兽猎人""狩猎人""自然科学家—狩猎者""渔人""流浪者"的流亡作家，拥有旧时代的世袭贵族身份，他将自己的一生，与东北森林紧密联结在一起。这位俄罗斯人两次一共在中国生活了48年，在离开中国后的当年就郁郁而终，他基本上已经算是一个东北人了。

在巴依科夫眼中，东北森林是原始森林的独特世界，它完全不同于单调肃杀的西伯利亚森林，而是更加绚丽多彩。清纯白色的铃兰花在林荫的暗处闪着银光。晶莹透彻的山涧，连空气都充满野花的清香和黑土地的湿润气息……晚年他移居澳洲后，青春时代驰骋东北山林的日子仍令他眷恋不已，正如在他在绝笔文《别了，树海》中所写："将来有谁拿起作家巴依科夫——这个走遍了满洲各地丛林里的老流浪者的著作，我希望，他能回忆起这个地方往昔的美妙时代。我如今一无所有，只有回忆我的第二故乡……”

兴安岭、肯特阿岭、大秃顶子、老爷岭、钢盔山、长白山脉的重峦叠嶂，幻化为黑白默片，成了一位俄侨作家永世难忘的追忆。在他心里，尤其是那美丽而又令人心生战栗的东北虎，仍是百兽之王，是森林的主宰，是东北大地神秘威严的大自然的化身。

返　乡　之　旅

"回归事物自身，即回到那个先于知识的世界中去。"

梅·庞蒂

虎啸榛莽

东北的春天，是骑着推磨的驴子来的。

“驴子驮着春天，转了一圈又一圈，好像是来了，来了又走了。似乎是暖和了，暖和了又冷了。明明是冰化雪消了。又下场雪，又积一层冰。”

然而，长期统治的冬季再长，我们也在犹疑迟缓的空气里，感受到了春天的气息。

春天来了。万物复苏，争相吐绿，山里的空气像水晶般洁净，弥漫着山花烂漫的怡人清香，沁人肺腑。

在远古时代，中国先民从事游牧与农耕，需辨方位、知时节，要留心观察物候天象，他们将天上的星象，经过揣摩，想象为一定的造型。这是一种心灵的魔法。从很早以前，龙与虎就成为华夏古国的重要图腾，将天上星辰归纳为龙虎二形，北斗七星的斗柄指龙首，斗构指虎尾。

“老虎！老虎！你金色辉煌，火似地照亮黑夜的林莽。”（威廉·布莱克《虎》）虎是一个象征，一个指引。它所指示的，是一条归家之路。东北虎要回家了。

曾经有很多年，东北虎豹这两个珍稀濒危物种在中国几近销声匿迹。

而现在，在中国东北地区，有了一片森林之王的领地。它地跨吉林、黑龙江两省，与俄罗斯、朝鲜接壤，是中国野生东北虎豹种群数量最多、活动最频繁、最重要的定居和繁育区域，也是被多方十分关注的东北虎豹国家公园体制试点区。

“当我们熟悉一个空间，或将空间赋予

意义后，空间就变成了地方。”

“地方”这一概念，不限于物理空间中的处所，它有着更为丰富的社会和文化意义。空间是人们生存的条件，而地方是文化和情感的载体。

“地方感”最早出自段义孚的人文地理研究，源于一种特殊而普遍的情感联系，它将人的感受融入空间与地域，赋予地方以新的意义。这样，原本属于地理的词汇，就变成了一个带有温度的人文词汇。国家公园就有“地方感”的含义，同时满足了东北虎豹与人类对地方（家园）的依附和情感需求，将一片园地变为万千野生动物温暖的家园。

大潮激荡，风云飞扬，东北虎精神已被赋予崭新的时代内涵，成为东北区域精神性格的象征。东北密林之歌，也将继续在人间传唱。

虎在漫长的扩散进化过程中，根据不同的地理环境、生活习性以及生理结构，逐渐分化出8个亚种。现有研究显示，虎于万年前诞生于中国南部，其后散向亚洲各地。迁徙到中国东北地区、俄罗斯远东地区、朝鲜半岛等地的虎群，衍变成现在的东北虎。东北虎又称阿穆尔虎、西伯利亚虎、乌苏里虎，是现存虎亚种中体型最大、分布纬度最高的种群，也是当今世界上最大的猫科动物。历史时期曾广泛分布在今天的中国东北地区、俄罗斯远东地区以及朝鲜境内。

在我国东北地区，野生东北虎（西伯利亚虎）和东北豹（远东豹），在历史上曾经达

东北豹（东北虎豹国家公园管理局供图）

到了“众山皆有之”的盛况。然而，由于人为活动的影响，森林消失和退化，野生东北虎豹种群和栖息地急速萎缩。中国境内的东北虎豹数量极为稀少，濒临灭绝。

动物学家们在完达山、老爷岭、张广才岭苦苦寻觅着它们的足迹。早在1986年，黑龙江东北虎林园的前身横道河子猫科动物繁育中心就已成立。为了保护所剩不多的东北虎，国务院还于1993年颁布了《关于禁止犀牛角和虎骨贸易的通知》，使两种濒危动物受到了严格保护，禁止交易后，虎骨也从官方药典中除名。

为了进一步让这些远走他乡、濒临灭绝的珍稀生灵能够回归故土并繁衍生息，东北豹被中国政府列为国家一级重点保护野生动物；被《中国濒危动物红皮书》和《世界自然保护联盟濒危物种红色名录》列为极度濒危（现降为濒危）。俄罗斯联邦政府于2012年建立了豹之乡国家公园。

它的目光被那走不完的铁栏缠得这般疲倦，
什么也不能收留
它好像只有千条的铁栏杆，千条的铁栏后便
没有宇宙
坚韧的脚步迈着柔软的步容，步容在这极小
的圈中旋转
仿佛力之舞围绕着一个中心，在中心的一个
伟大的意志昏眩

——奥地利诗人里尔克《豹》

隐喻了这种神奇生灵令人不安的特性和悲剧性命运。东北豹，则是目前世界上确认的9

个豹亚种之一。

20世纪之前，东北豹广泛分布于亚洲东北部地区，包括中国东北的东部地区，以及毗邻的俄罗斯远东地区、朝鲜半岛。进入20世纪，由于人类活动的影响，东北豹的分布范围急剧缩减。到20世纪末和21世纪初，东北豹仅剩一个孤立的野生种群，分布于由中国吉林东部、黑龙江东南角，以及俄罗斯滨海边疆区西南地区组成的一个狭小的中俄跨境区域内，是世界上最濒危的大型猫科动物之一。

东北豹是典型的领地型动物，一只雄豹的领地通常与数只雌豹的领地重叠。除交配期外，成年个体通常独居。成年个体占领自己的领地后进行繁殖，每胎通常产2~3只幼崽。东北豹主要捕食中小体型的猎物，如梅花鹿、狍、野猪、兔、雉鸡以及其他小型肉食动物等几十个物种。

日俄战争期间，曾有相关史料记载，鸭浑两江流域森林未遭破坏时，豹子、人参等珍奇野生动植物随处可见。1930年以前，东边道一带是大森林，军队穿行时常见直径四五尺的大树倒在林中，不得不下马牵行，而且常有豹子在森林里出没，“随着一阵阵摇曳林木的山鸣，一只巨大的怪兽像风一样跃进前面道路的林间，看得清怪兽的黄黑花点，有士兵呼喊‘豹子’‘豹子’，询问当地土民后，证实确是豹子，如今这一带全是秃山，35年前却是豹子出没的森林。”但到了1940年，鸭绿江上游一带的豹子、人参等珍

航拍森林（视觉中国供图）

稀野生动植物几乎绝迹。

20世纪70年代以前，人们对东北豹缺乏系统的调查。自1972年起，俄罗斯的野生动物科研人员大约每隔10年，对其境内东北豹的分布和种群数量开展一次系统调查，主要的调查方法为雪地踪迹追踪和对猎人进行访问。

历次调查结果显示，从1970年到2000年前后，俄罗斯的东北豹种群数量稳定在20~40只。其中1998年，数量在22~27只。20世纪90年代末，中国也进行了全国第一次野生动物调查，开展了东北豹种群的首次实际的野外调查。在1998年冬，由中俄美三国调查人员组成的联合调查队，使用雪地踪迹追踪的方法，估算出当时中国境内东北虎的数量为12~16只，东北豹的数量为7~12只。

2014年4月起，东北内蒙古重点国有林区全面停止天然林商业性采伐。更进一步的是几个针对虎豹的国家级保护区的成立，包括吉林珲春、汪清，黑龙江老爷岭等。

东北虎豹的栖息地生态环境得到逐步改善，野生种群呈恢复态势。在2011—2016年间，至少有27只东北虎在吉林省境内活动，其中有10只雄虎、8只雌虎和9只幼仔。它们中有在境内定居的，也有从俄罗斯边境游荡过来寻找食物的。黑龙江部分地区也有东北虎出没。

2018年5月，吉林省珲春市发现两起野生动物吃羊事件，共发现16只山羊尸体，根据足迹和咬痕，专家判断吃羊的是东北豹。

在相关单位的大力支持下，虎豹研究团队

开展了长期的定位监测，并建立了中国野生虎豹观测网络。通过10年的红外相机监测数据发现：2012—2014年期间，中国境内的东北虎已达到27只，东北豹42只。中国野生东北虎豹面临着种群恢复和保护的重要机遇。

过去自然保护的历史说明，被列入濒危名单而受到高等级保护的物种，不一定就会因此获得数量上的增长；对于一些物种，会不会陷入“越保护越濒危”的怪圈？非洲和欧美国家以往采取不同的自然政策和措施，获得了不同的经验和教训，都值得我们思考。

虎是典型的独居动物，除了发情、交配和育幼时期有雄虎和雌虎幼患一起生活，一生中大部分时间都在领地里独自游荡，居无定所，行踪隐秘。常见的群体，多由雌性和幼患组成。东北虎主要捕食野猪、马鹿、狍子等，尤以野猪最多。

任何动物都会选择适合它生存的环境。东北虎喜欢栖于海拔1000米以下的低山密林中，基本的森林类型为针阔混交林，另外东北虎也常到杂木林、高草灌丛、草甸中觅食。

虎的生存必须具备三要素，而这三要素恰恰可以较为精准地反映环境的状况和变化：一是必须具备足够的动物资源，供它们猎食；二，虎缺乏汗腺，必须具备足够的水源，供它们能及时洗浴。三是必须有足够的林木与丰草，供它们嬉戏或隐藏。

总的来说，随着自然保护意识日益增强，我们对森林和野生动物的干扰逐年减少，但东北虎的适宜栖息地仍是过于稀缺，而且面积还在不断缩小，同时还有退化、扩散通道受阻等问题。保护地面积小、分布区隔离严重，与俄罗斯种群也存在一定程度的阻隔，种群基因交流困难，近亲繁殖、免疫力低下而导致疾病暴发乃至种群崩溃的风险仍然存在。

不少野生动物都会因觅食和种群繁衍的需要而穿越边境线。前些年在林区，护林员一句绘声绘色的话我一直记得：老虎是会游泳的，咱东北虎就喜欢在乌苏里江两岸来回窜。的确，东北虎是跨国界的物种，这些个体并不完全是在中国境内定居的，一部分虎豹是在中国和俄罗斯边境来回穿梭的。老虎眼里没有国界，只有地盘、气候和猎物，哪儿食物充足待着痛快，它们就往哪儿走。

这样一来，猎物的多寡决定了老虎的种群数量；而栖息地是否林茂草美，连通性好坏，也直接影响着老虎的种群数量。

俄罗斯的东北虎、东北豹等，曾多次被发现沿着军事巡逻道在边境穿行。俄罗斯老虎监测项目中带了项圈的老虎，居然有两只（“库贾”和“乌斯京”）曾一度越过黑龙江，游荡到中国的黑龙江省境内，之后又回到俄罗斯。这几年间，我国与俄罗斯已启动好几处“生态廊道”建设，力图使两国的东北虎、东北豹自由迁移，促进种群的遗传交流和种群恢复。

中国东北林区与俄罗斯远东广袤、人迹罕至的虎豹栖息地连片，共同形成一个连续完整的森林生态系统，这对老虎的活动和

雾凇（视觉中国供图）

种群交流都奠定了非常好的条件。不只是东北虎豹，在中俄“生态廊道”的辐射效益之下，包括今天俄罗斯远东地区、中国东北及内蒙古东部、蒙古国东部、朝鲜北部及日本海，相当多的野生动物都将受益。

2015年，东北虎豹的命运迎来了历史性契机。基于北京师范大学虎豹研究团队10年科研结果而编写的《关于实施“中国野生东北虎和东北豹恢复和保护重大生态工程”的建议》通过民盟中央提交中共中央，建议将东北虎豹保护列入国家战略。

习近平总书记和李克强总理对这一建议做出重要批示，推动了国家“十三五”规划中“生物多样性保护重大工程、濒危野生动物抢救性工程”的实施，推动建立“东北虎豹国家公园”。

2016年12月5日，中央审议通过《东北虎豹国家公园体制试点方案》，确定建立东北虎豹国家公园体制试点区。东北虎豹保护逐渐被上升为国家战略。

这是史诗性的巨大跨越，是中国生态文明重大的发展里程碑。东北虎豹国家公园建立的消息刚出，立即引起不息的回响。著名的美国学术期刊《科学》杂志援引世界虎豹研究权威专家的观点，认为“中国正在建立比美国黄石国家公园还要大60%的虎豹国家公园，将可能是未来20年内世界上最成功的老虎保护故事”。

的确，专门为野生虎豹建立面积如此之大的国家公园，在世界范围内实属罕见。为保障虎豹的生存环境集中连片，地方政府可以说是不惜代价。原本吉林规划的中俄高铁和一条高速都通过虎豹公园核心区，后来高铁改道建设，高速公路建设也最终取消。

困境与变局相生、机遇与挑战并存。野生虎豹种群要想实现长期生存，就需要巨大的森林空间。在过去100多年内，野生虎豹失去了它们90%以上栖息的森林。纵观当前世界虎豹分布国，大片森林和景观连续的栖息地已不多见，即使是目前野生虎数量稍多的印度，其国内残存的森林面积也非常有限。而东南亚和南亚其他虎豹重要分布国，或是政局动荡，或是经济发展缓慢，森林资源依旧处在持续的衰落中，对于野生虎豹的保护，委实心有余而力不足。野生虎豹的生存状况，是对一个国家经济、社会以及生态文明建设的考验，也是国家实力和自然保护决心的体现。

虎居深山，山不深，林不密，虎不生。

东北虎豹国家公园东端濒临日本海，环境湿润，水系发达，其中跨国河流绥芬河发源于虎豹公园内，区域内河流和湖泊主要有穆棱河、绥芬河、桦树川水库、团结水库、六峰湖等。现在要进行更精确的工作，确保分配给老虎的领域面积既适合它们的生存，同时又采取科学的评估措施，不影响到人类以及生物圈中其他物种的正常生活。

据北京师范大学虎豹研究专家冯利民副教授介绍，园区内还保存着极为丰富的温带森林植物，高等植物达到数千种，包括大量的药用类、野菜类、野果类、香料类、蜜源类、观赏类、木材类等植物资源。其中不乏一些珍稀濒危、列入国家重点保护名录的物种。比如人们耳熟能详的人参，也被誉为“仙草”，是国家一级保护植物。另外，刺人参、岩高兰、对开蕨、山楂海棠、瓶尔小草、草丛蓉、平贝母、天麻、牛皮杜鹃、杓兰、红松、钻天柳、东北红豆杉、西伯利亚刺柏等，也都在国家保护名录之列。更为神奇的是，在如此高纬度的地区却存在着起源和分布于亚热带和热带的芸香科、木兰科植物，如黄檗、五味子等。在历史漫长的演进过程中，这些物种随着地球的变迁，最终在东北虎豹国家公园的崇山峻岭中与我们欣然相遇。

中国的山中不可无虎。保护老虎，也是自然环境与文化象征的双重需要。东北虎豹国家公园的设立，是中国生态文明建设一项标志性的重大工程。对黑龙江、吉林加强生态建设，加快绿色转型发展，具有划时代的里程碑意义。

虎啸山林的盛景，容易使人想起早已消失的地质年代，那时人类和野兽还处于洪荒时代的原始状态。国家公园在更高的层面上包容野性的自然，那里呈现着不受现代性规范、未被现代性驯化的异质性和多样性；然而，又不再与人类漠不相关。在那里，大自然不再抽象，而是各得其所、自由自在，“万物并育而不相害”。

当前我国新型的以国家公园为主体的自

森林（东北虎豹国家公园管理局供图）

然保护地体系，已经由以前的区域性或单一物种的保护，走向大空间尺度的生态系统视角下的大尺度保护。也许它仍以某种物种作为命名，比如东北虎豹国家公园就是如此。但是，国家公园的本质定义了它，使它更能以整体性来表述区域的丰富性与自由性，并且不认为保护价值能够按照物种体型大小划分，而是按是否罕见、濒危来划定层级；即使是像东北虎这样自带光环的旗舰物种，也不足以概括这一区域的生物多样性，反而却有可能导致整个生态系统脆弱而微妙的平衡遭到忽视，甚至是某种程度的伤害。

无论我们提倡保护野生东北虎还是保护其他旗舰物种，目的都是为了促进整个生态系统的繁荣。公园域内天然植被良好，森林或草原林相完好，这样的生态环境适宜虎豹的广泛分布，与此同时，也成为熊、狼、野猪、鹿、麝、狍子、驼鹿、貂、松鼠等动物的栖息乐园。

反过来说，以东北虎作为生态系统中的伞护种，对东北虎的保护而覆盖了更大面积生境，这又有助于实现对整个生态系统的保护。举例而言，为了提升东北虎种群，就得保障在它们的活动区内有足够的有蹄类动物；想要这些有蹄类动物能够维持住规模，就得提供足够好的植被。

所以，不只是东北虎，在园区内，所有物种生命体系和自然生态系统都会得到生长与保护、延续与更新。生命的奇迹持续上演，自然界的每一种生物与非生物都具有生命力，都是值得人类尊重和爱护的生命力量。

保护任何具体物种的重要方式，也不能脱离其栖息地的保护、保育和恢复。在我国，东北虎一般栖息在丘陵起伏的山林、灌木与野草丛生的地方。在东北，国有天然林全面商业性禁伐、退耕还林还草还湿、自然保护区网络的建立、扩大和完善、森林山地全面禁猎等多种措施的实施和推进，对野生东北虎种群及其栖息恢复，也将产生越来越明显的效果。

国家公园体制建设工作仍在持续推进，提高国家公园管理能力和虎豹保护水平，使虎豹生存安全得到充分保障，使东北虎豹栖息地生态环境进一步改善。

2018年最新数据显示，中国东北虎豹种

群数量继续保持回升趋势。

疑似野生东北虎的足迹链和卧痕不断出现，比如2020年初夏，东京城林业局森林调查设计队工作人员到桦树经营所施业区内作业时，就在林间田地里发现了一连串清晰的疑似野生东北虎足迹。同一时间，东北虎豹国家公园管理局东京城分局也收到了来自红旗站的讯息：巡护人员在施业区野生动物哺饲点附近发现一连串“梅花印”，疑似野生东北虎，两站疑似虎踪地点仅相隔16公里。几天后，红旗站巡护员在日常巡护中又发现一处疑似东北虎的足迹链，还找到一处大体型野生动物的卧痕。

根据中国—俄罗斯联合监测体系数据显示，东北虎豹国家公园及俄罗斯豹之乡国家公园范围内，至少有东北豹91只、东北虎38只。

虎与山林声势相通，山林有虎则气壮，这是典型的中国式生态景观。保护老虎，不仅是保护中国的自然生物，也是保护中国的景观文化。

美国边塞风景画家乔治·卡特林于1832年提出，政府部门应该“根据一些环保政策开设一个大的生态公园，里面包含人、猛兽，全部的一切都处于原生状态”；以保存人和动物天生所拥有的粗犷而清新的自然景观之美。

自乔治·卡特琳提出“国家公园”这一概念后，到两次世界大战期间，现代荒野终于有了科学的管理方式，资本主义逐利的本性，被设置了一个难得的界限，人类不恰当的行为活动受到限制，取而代之的，是促进自然和人类福祉的道德目标。它最初的起源“并非出于大众的需要，而是那些具有远见卓识、无私的理想主义者为了国家长远利益与那些自私狭隘的商业利益斗争的结果”。

国家公园在储备地球自然场域、保护生物多样性以及可持续使用自然资源等方面起到了非常重要的作用。大片土地“没有受到人类这一特殊的、有意识的、有目的的物种的干扰和改造”，是原初状态的自然，是世界本直与基础的一个原型。原始自然栖身于妥帖恰当的安身之所，人类也将由此获益——他们据此可以重新拾起与本真自然世界的情感联系。

哲人说：“自然界，就它本身不是人的身

体而言，是人的无机的身体”。通过荒野回溯，重建人与世界的完整性，使人类的价值返归自然的深处，同时清除一切有损保护的开发、设计和占用；为当代人和子孙后代提供一个更完整的生态系统。岁月流转，黑土地原始质朴的美丽和野性却永不改变，对于人类未曾改变本质的事物，诸如河流、森林之类，保持距离，心存关怀，止于守望。

东北原始荒原虽然土地肥沃，地势平坦，但也不乏密布的沼泽、丛生的林莽、茫茫的雪原、成群的猛兽……东北虎豹国家公园，就是要保持东北大自然的野性。幽深的林地、峡谷和草场，历经漫漫岁月，无不氤氲着独特而神秘的气息，在红松、白桦与云杉之间，似有林中精灵在生息雀跃。那里是通向未知世界的必经之路，是诸神和精灵的居住之所。幽玄月夜的无边静寂之中，从远处传来虎啸之声，伴有万兽的低吟与咆哮。那其中隐藏着不知多少山林的秘密，最终却未置一词，余音过后，就消失在昏暗的峡谷深处。

故园之思
（代跋）

东北近代文化的形成、演化过程，就如长春、沈阳、哈尔滨等城市的变迁一样，无不伴随着东北社会历史、文化、中西冲突的苍茫变迁，具有多种文化背景，又有着不同时代的层层积淀。

树挪死，人挪活。相比于人有选择的主动权，城市的命运呈现高度的被动性。地理位置、气候、资源、历史、体制……左右着城市的变迁。从清代的苦寒之地到繁华的“东方维也纳”（哈尔滨），让我们想起《文化地理学》中的一个概念：“历史重写本”。

该词源自中世纪书写用的模板，原先刻在印模上的文字一再擦去，然后刻写新的内容。然而以前刻上的文字从未彻底擦掉，随着时间的流逝，新、旧文字就混合在一起。

就如这片黑土地上，关内与关外，东北与东亚，移民与殖民，遗民与夷民，革命与改良，日雨欧风，潮流涌动，线索交错，人事繁杂。在半个多世纪里，东北本土的原始萨满教文化与中原儒家文化、移民文化多元共存，沐浴过西方文明的雨露，浸润过苏联红色革命主义风潮，走过被帝国主义殖民压迫的艰难历程，其多样、复杂的内蕴，难以一言蔽之。

一代代人的迁移经历，也意味着一种人文地理的实践，以及文化意义的生成。曾几何时，东北地区在相当长的时期内被国人和中国社会视为“化外之地”。但其实一直到新中国成立后，包括以后的很长一段时期，在我国众多城市中，东北地区的城市文明独树一帜。在少子化、男女平权、离婚等争议较大的社会领域，东北人的观念都是相对开放与宽容的。这也得益于他们的祖辈在历史上能够以开放的心态对待外来事物，养成了不排外、不欺生、热情好客、乐善好施、喜欢交往的群体性格，比之其他地区，更少狭隘的地域观念，豁达通融，胸襟宽阔。

20世纪90年代末，“共和国长子”遭遇种种挑战，尽管国家大量、密集的资源投入未曾中断，但东北全域的大规模国企改革仍是引发了“下岗潮”，仅1998—2000年这三年，国企下岗职工人数占全国比重高达四分之一。老工业基地的衰退导致产业下滑，民气积弱，导致东北风光不再，转型之深远影响，至今未能平复。

经济衰退也导致人口不断外流，近10年

来，东北地区20万人口规模以下城市的人口在持续减少，5万人口规模的小型工矿城镇人口大量流失。东北三省人口自然增长率数据也令很多人担忧，2017年在全国提前进入老龄化社会（即65岁及以上的人口占比到了10%）。

“东北经验”或“东北现象”，可以作为考量近代、现当代中国历史、现实发展的聚焦点，兴衰荣辱，也映照了现代中国的起落沉浮。时代不由分说地裹挟着一切，每个人都身不由己地参与之中。

而我们的主题，是这片土地上的自然物象。一直觉得，东北地区不应被视作一个孤立的行政单位，而应该放到更大一层生态、地理和人文历史中认识。

16世纪的威尼斯，曾经是欧洲最繁忙的

商贸港，因为南临地中海和土耳其的奥斯曼帝国，从远东运来的商品，像丝绸和茶叶，都要在威尼斯卸货上岸。然而到了文艺复兴时期，葡萄牙取代了威尼斯，成为与东方贸易的卸货站。接下来荷兰的阿姆斯特丹也迎来发展机遇，作为港口，威尼斯似乎彻底被边缘化了。

威尼斯是不是从此没落、从此被淘汰了？没有。威尼斯国际电影节在艺术领域分量极重，建筑、绘画、雕塑、歌剧等在世界有着极其重要的地位和影响。水城威尼斯作为“亚得里亚海明珠”“因水而生，因水而美，因水而兴”，仍是世界上“最浪漫的城市”。这座明媚的水城，坚守着浪漫、激情而宁静的价值观，谈不上死里逃生，没有那么悲壮，不过是华丽的一转身而已。

历史学家汤因比说：“世界文明虽迥异不同，通观全局却有相似的生理过程：起源、成长、衰落、解体，如此循环往复，涅槃而生”。一个地区的经济不可能永远增长，正如房价、股价也不可能永不下落。其实，东北从此就势卸下往日的重负，没有什么不好，没必要让中国所有的区域都商业繁荣，都要有经济亮点。

东北为什么过去显得发达？那是因为新中国成立后，中国开始了工业化进程，在计划经济体制下，东北是重工业基地。而伴着重工业的衰落，一些城市的资源枯竭，区域经济的衰落，是自自然然的过程。

不仅仅是中国的东北，南方的很多地

松花江（视觉中国供图）

方，甚至现代性浪潮下的全球城市，没有谁能例外，不过是先后而已。就如黑格尔所言，人走不出时间，走不出历史，就像走不出自己的皮肤。

大型重工业集中在特定城市空间，以这样的现代工业体系特征辉煌发展，是东北可遇不可求的历史机遇，也为它在另一个时代的失落和失败埋下了伏笔。也许，我们不应再寄望重演一次这样的辉煌。更不用说东北地区长期面临着严重的生态环境问题：黑土沃壤的水土流失、森林生态的严重退化、生物资源的大量减少、草原沙漠化已经严重影响到当地经济的可持续发展，等等。

历史当然不能直接解释或服务于现实。经济发展其实和社会文化一样，很多东西，其实不是主导力量，而一个时期的社会情绪、时代风尚以及政治征候才是核心。理解东北今天的发展困境，绝非无解，历史虽不能提供直截了当的答案，但却给了我们反思的路径和因缘。伦敦和曼彻斯特工业萧条期的殷鉴不远，在“投资不过山海关”的唱衰声中，我们的确应该认真反思、评估西方话语里“现代性”对我们造成的影响，思考怎样才能摆脱按下葫芦浮起瓢的困境。

其实早在20世纪70年代末，旧有的经济模式在大黑龙江流域解体的命运已然注定。不但是中国东北、日本北海道和俄罗斯远东，都出现了无法阻挡的青壮年人口外流现象。在此情况下一味靠推动市场化来实现转型，恐怕并不能有效提振省域经济，甚至可能加速本地社会

云海（视觉中国供图）

的解体。总有人热爱东北，总有人一心逃离，这都是正常的，就如歌中所唱，“没有什么能永垂不朽”；东北在很长一段时间，享用了集体经济时代的殊荣，也是时候静下心来，思考以后的发展方向了。

我们不妨自问，东北最深的生命根基、最内在的精神底色是什么？

长白山是东北绵延最广阔的山脉，满语是“果勒敏珊延阿林”，就是“有神之山”的意思。长白山上的天池，满语是“图们泊”，汉译为“万水之源”。

松花江以“松阿哩乌拉”得名，“松阿哩”汉译为“天河”；鸭绿江发源于长白山主峰西麓，女真语是“雅鲁江”，汉译为雅鲁鱼比较多的江；嫩江，原称为“墨尔根”，汉译为“精于打猎的人”。

哈尔滨，满语原义为“晒网场”，另一说认为是源于直译“扁状的岛屿”，其实指的就是太阳岛。

长春，满语“春捺钵”，汉译为鸭子河泊；齐齐哈尔，有人认为满语义为“天然的牧场”……

当年北大荒“棒打狍子瓢舀鱼，野鸡飞到饭锅里”的繁盛景象，至今令人心驰神往。

森林的绿色波涛，掩盖了辽阔的山坡与深谷，更向着远方的地平线无尽伸延。眺望生着青穗的高粱地，清新的土腥气翻上来，绿色世界里映照着万里如洗的蓝天。枫叶飘浮在松花江上，铺陈在美丽的江堤上，远方没有一块行云，澄明幽碧，闪耀的阳光遮覆着一切。这时我们就会明白，命名是一个地方情感和心灵的最慰藉处，是对故乡自然地理、风物人情如鱼在水的体认，是家园情怀最切实的根源。

从生态、历史、环境和人类活动看，中国东北其实属于一个更加广阔、独立不恃的自然地域/生态单元。大小兴安岭和长白山国有林区是我国面积最大、森林蓄积量最多、国有林业最集中的林区，其地理位置非常重要，气候和地貌类型复杂多样，直接影响东北乃至全国的生态安全和中华民族的未来发展。

三大国有林区同时又是众多江河的发源地，鸭绿江南流入渤海，乌苏里江北流汇合黑龙江流入鞑靼海峡，图们江则呈西南东北走势，流入日本海，三条大江呈现出环绕之势，还有从大兴安岭发源的嫩江、长白山脉发源的松花江，由森林所涵养的水源，成为东北众多城市生产生活的生命线，同时滋润着广大的草场和农田。

综合考虑东北区域的自然地理、人文地理和“边疆”因素，这里自古以来就是游牧、渔猎和农耕诸民族世代生息的家园，也是相互角逐的舞台。三面环山，一面临海，对外又呈开放的姿态。国家主导的建设，必须结合地方社会生态的变化。远望未来，俄罗斯管理远东大片国土的方式，值得借鉴。那里才更是“地广人稀”，但地广人稀并没有什么不好，那是一种真实自然、却又不必焦灼的状态，以大型国家公园的方式，为子孙后代留下大片苍郁净土，可能是最好的选择。

在我们的时代，人们既需要“寻源”，从根源处找寻真实的自我，也需要把握与开创未来。以绿色发展理念为主导，优化国土生态空间布局，保护自然生态系统与环境，发挥生态安全整体价值，对东北这片土地而言，可能具有更重大的现实意义，我们也需要时时从大空间、大生态的角度来看待它。这样我们就能清醒地意识到，自然文化，可以是进入东北经验的崭新起点。

一个地区不可能擦掉过去所有的痕迹，也不可能拒绝所有新事物的影响和入侵，一切的认知结果，都是所有随时间消逝增长、变异及重复的认知叠加的总和。历史与文化的交汇处，总会留下类似这样触动人心的变迁，迁徙与回归的历程，映射着个体生命、族群与天地、祖先、神灵的相应与疏离；映射着我们的情感依靠与生命背景。

东北的众多山脉中储存着大量的冰雪。辽河、鸭绿江、图们江、松花江、嫩江、乌苏里江、黑龙江是东北的主要河流，丰沛的水源是东北苍莽森林和万千生灵生长的基本保障。每年春夏，山川融水奔腾而下，气势澎湃。在落日的余晖和晚霞的辐射下，江面上有时会漂浮起巨大的冰排，重叠堆砌，汹涌向前。江波闪烁起广阔细密的金色粼光，冰排有如镀上了赭红的釉彩，仿佛一股势不可挡的岩浆流，那情景十分壮丽。

我永远记得几十年前读《北方的河》时受到的冲击与震撼，记得那条冰封半年之久正在开冻的“黑龙”“一声低沉而瘖哑的、撼人心弦的巨响慢慢地轰鸣起来。整个雪原，整个北方大地都呻吟着震颤着。迷濛的冰河开冻了。坚硬的冰甲正咔咔作响地裂开，清黑的河水翻跳起来……这河苏醒啦，黑龙正在舒展筋骨……黑龙江解冻了，黑龙就要开始飞腾啦……”

这种轰轰烈烈、倔强冲撞、汹涌刚健的气势，蕴涵的正是一代代东北人的精神诉求，有一种沉雄苍凉的崇高感和坚韧深厚的力度感。虽然经历过江河结冻、万物凋零的年月，但每当冰雪消融之时，这片土地上的人们依然能够重整装束，振作精神，继续穿山越岭、跋涉林海、转徙江河、驰骋草原。

大事记

2017 年

1 月 31 日，中共中央办公厅、国务院办公厅印发《东北虎豹国家公园体制试点方案》。

2015 年

3月9日，在全国“两会”期间，习近平总书记在吉林省代表团指示，保护东北虎豹关键是要遵循自然规律，把工作做扎实。

2016 年

4月8日，中央经济体制和生态文明体制改革专项小组召开专题会议，研究部署在吉林和黑龙江两省东北虎豹主要栖息地整合设立东北虎豹国家公园。

2020年

6月28日，国家林业和草原局印发《东北虎豹国家公园总体规划（试行）》。

2017年

8月19日，东北虎豹国家公园管理局挂牌成立。

附录

气候
生态系统
东北虎
东北豹
动物资源
植物资源

跨吉林、黑龙江两省，邻朝鲜、俄罗斯两国，主要保护全球珍稀濒危野生动物东北虎、东北豹及其栖息地温带针阔叶混交林生态系统。分布有种子植物约102科884种，其中国家一级保护野生植物2种；有陆生野生脊椎动物约27目78科355种，其中国家一级保护野生动物10种。

基本情况

地形地貌

地处长白山支脉老爷岭南部，以中低山、峡谷和丘陵地貌为主，盆地、平原、台地等均有分布，地貌类型复杂多样。虎豹公园海拔在1500米以下，大部分山体海拔在1000米以下，相对高度多为200～600米，最高峰老爷岭海拔1477.4米。南部、北部为山谷和低山地，地势从虎豹公园中部向四周逐渐降低。

东北虎 东北豹 动物资源 植物资源

温带大陆性季风气候。由于距日本海较近，受海洋性气候影响，大陆性气候减弱。气候特征表现为春季多风少雨干旱，夏季炎热短促，秋季冷凉降温迅速，冬季寒冷漫长。由于虎豹公园山脉纵横，地形复杂，形成多种复杂的小气候。

基本情况
地形地貌
气候
生态系统

东北虎豹国家公园地处长白山针阔混交林生态地理区，是亚洲温带针阔混交林生态系统的中心地带，基本涵盖了温带森林生态系统类型，植被类型多样，生态结构相对完整，生态功能日益完善。有蹄类动物种群结构和规模保持健康状态，食物链丰富，为野生东北虎、东北豹种群恢复奠定了基础。

喜栖红松阔叶混交林，其次是阔叶混交林。主要分布在海拔150～800米，的中低山区。雄性东北虎的领地范围要求大，面积为600～800平方公里，雌性东北虎领地范围稍小，面积为300～500平方公里。一般成年雄虎的领地不重叠，但一只成年雄虎的领地可以包括多只雌虎的独自领地。

喜栖红松阔叶混交林，其次是阔叶混交林。东北豹多独居，雄豹的领地范围可达300平方公里，雌豹可达100平方公里。东北豹喜食50公斤以下的有蹄类动物，如狍、野猪、梅花鹿、东北兔、獾等。

分布有国家一级保护野生动物12种，包括东北虎、东北豹、紫貂、原麝等。国家二级保护野生动物46种，包括黑熊、猞猁、马鹿等。东北虎、东北豹分别被《世界自然保护联盟（IUCN）红色名录》列为濒危（EN）和极危（CR）物种。

感谢东北虎豹国家公园管理局为本书提供图片

图书在版编目（CIP）数据

虎啸榛莽：东北虎豹 / 刘东黎，李文波著. -- 北京：中国林业出版社，2021.9

ISBN 978-7-5219-1275-3

Ⅰ. ①虎… Ⅱ. ①刘… ②李… Ⅲ. ①东北虎－国家公园－概况－东北地区②豹－国家公园－概况－东北地区 Ⅳ. ①S759.992②Q959.838

中国版本图书馆CIP数据核字(2021)第145701号

责任编辑　孙　瑶
装帧设计　刘临川
出版发行　中国林业出版社（100009 北京西城区刘海胡同 7 号）
电　　话　010-83143629

印　　刷　北京博海升彩色印刷有限公司
版　　次　2021 年 9 月第 1 版
印　　次　2021 年 9 月第 1 次
开　　本　787mm × 1092mm　1/32
印　　张　8.75
字　　数　84 千字
定　　价　66.00 元

基本情况
地形地貌
气候
生态系统
东北虎
东北豹
动物资源
植物资源

分布有国家一级保护野生植物2种，为东北红豆杉和长白松。国家二级保护野生植物8种，包括红松、钻天柳、水曲柳等。其他具有重要保护价值的植物还有人参、松茸、党参等。